普通高等教育电气工程与自动化（应用型）"十三五"规划教材

单片机课程设计仿真与实践指导

张兰红　陆广平　仓思雨　编著

机械工业出版社

本书采用仿真与实践对照的方式编写，让学生先仿真，再用仿真指导实物设计与制作，目的在于让学生能够成功地做出单片机应用作品，使学生体验学有所用、学有所成的快乐，初步体会专业知识的魅力。全书分为基础知识篇、片内功能模块设计篇、片外扩展设计篇、综合应用篇。基础知识篇讲解课程设计的作用与组织，介绍使用的工具及单片机最简应用系统；片内功能模块设计篇充分利用单片机片内的并口、定时器/计数器、中断系统，设计简单的单片机应用系统；片外扩展设计篇利用单片机最简系统与扩展的键盘、数码管、LCD显示器、点阵显示屏、A/D与D/A转换器等组成较复杂的单片机应用系统；综合应用篇则将单片机与具体的行业相结合，介绍了单片机在光伏发电、风力发电及物联网中应用的设计实例。

本书可作为应用型工科院校本、专科学生单片机课程设计的教材，也可作为从事单片机项目开发与应用的工程技术人员的参考书。

图书在版编目（CIP）数据

单片机课程设计仿真与实践指导/张兰红，陆广平，仓思雨编著．—北京：机械工业出版社，2018.11（2023.1重印）

普通高等教育电气工程与自动化（应用型）"十三五"规划教材
ISBN 978-7-111-60990-2

Ⅰ．①单… Ⅱ．①张… ②陆… ③仓… Ⅲ．①单片微型计算机-课程设计-高等学校-教材 Ⅳ．①TP368.1-41

中国版本图书馆CIP数据核字（2018）第220027号

机械工业出版社（北京市百万庄大街22号　邮政编码100037）
策划编辑：王雅新　责任编辑：王雅新　刘丽敏
责任校对：张　薇　封面设计：张　静
责任印制：郜　敏
北京富资园科技发展有限公司印刷
2023年1月第1版第7次印刷
184mm×260mm · 14印张 · 342千字
标准书号：ISBN 978-7-111-60990-2
定价：35.00元

凡购本书，如有缺页、倒页、脱页，由本社发行部调换

电话服务　　　　　　　　　网络服务
服务咨询热线：010-88379833　机 工 官 网：www.cmpbook.com
读者购书热线：010-88379649　机 工 官 博：weibo.com/cmp1952
　　　　　　　　　　　　　　教育服务网：www.cmpedu.com
封底无防伪标均为盗版　　金　书　网：www.golden-book.com

前　言

　　课程设计是单片机课程教学的最后一个环节，目的是对学生进行全面的单片机应用系统设计训练，让学生将学过的零碎知识系统化，熟悉单片机应用系统设计的流程，具有开发单片机应用系统的能力，为后续毕业设计和毕业后从事智能控制系统设计工作打好基础。

　　现有的单片机课程设计教材有如下两种：第一种是以 Proteus 仿真为主，提供丰富的设计实例，运用仿真软件构成虚拟实验环境，验证所设计的单片机应用系统的正确性。这种教材可以改变传统的"纸上谈兵""光设计不验证"的单片机课程设计模式，让学生有机会验证自己所设计的系统是否可行，看到所设计系统的仿真结果。但是计算机仿真不能完全代替实物制作，真正设计时，学生还会碰到电路设计、元器件选取与电路焊接工艺等各种问题，这些都会影响所设计的实物能否成功，总之会做单片机仿真不一定会设计实际应用作品。第二种是单纯讲解实物的设计与制作，但是限于篇幅，系统硬件设计调试过程、电路时序配合及软件调试过程都不可能在一本书中面面俱到地全部包括，学生即使按照课程设计指导书操作，也不一定能做出实物，有时需要反复修改电路、重新焊接制板、多次购买元器件，这样会打击学生的自信心，影响学习兴趣，设计效果也不理想。

　　本书精选了 20 多个单片机课程设计与工程应用项目实例，采用仿真与实践对照的方式编写，让学生先仿真，再用仿真指导实物制作，目的在于让学生能够成功做出单片机作品，真正提高学生的单片机应用能力。

　　本书分为基础知识篇、片内功能模块设计篇、片外扩展设计篇、综合应用篇。基础知识篇讲解课程设计的作用与组织，介绍课程设计使用的工具及单片机最简应用系统；片内模块设计篇充分利用单片机片内的并口、定时器/计数器、中断系统，设计简单的单片机应用系统；片外扩展设计篇利用单片机最简系统与外扩的键盘、数码管、LCD 显示器、点阵显示屏、A/D 与 D/A 转换器等组成较复杂的单片机应用系统；综合应用篇则将单片机与具体的行业相结合，介绍单片机在光伏发电、风力发电及物联网中应用的几个设计实例。

　　本书第 1 篇与第 2 篇由陆广平编写，第 3 篇由张兰红编写，第 4 篇由仓思雨编写，张兰红担任总体策划与全书统稿工作。

　　本书于 2016 年 9 月被评为盐城工学院立项建设教材，成书过程中，南京航空航天大学自动化学院的黄文新教授、王友仁教授，盐城工学院电气工程学院的何坚强教授对本书进行了审阅，提出了许多中肯的建议。盐城工学院教务处、电气工程学院的领导一如既往地给予了大力支持并提供了资助，杨婷婷、魏星、冯宝刚、孙国峻、顾伟伟、甄玄玄、李胜等同学在资料收集、绘图方面做了大量的工作，在此一并表示衷心感谢。

为了方便读者学习，本书提供了配套的教辅资料，内容包括各章的 Proteus 仿真模型、相应源文件和工程文件、实物作品电路原理图、制作的 PPT 与视频等。

由于作者水平有限，加之时间仓促，书中难免会有错误和不足之处，恳请各位读者批评指正。编著者 E-mail：zlhycit@126.com。

编著者

目 录

前言

第1篇 基础知识篇

第1章 单片机课程设计概述 ··· 1
1.1 为什么要安排课程设计 ·· 1
1.2 课程设计在学习过程中的作用 ·· 1
1.3 课程设计的内容与组织方式 ·· 3

第2章 单片机课程设计的工具 ··· 5
2.1 软件工具 ·· 5
    2.1.1 Keil 软件 ·· 5
    2.1.2 Proteus 仿真软件 ··· 5
    2.1.3 在系统编程软件 ISP ··· 6
    2.1.4 其他相关软件 ··· 7
2.2 硬件工具 ·· 7
    2.2.1 面包板 ·· 7
    2.2.2 万用板 ·· 8
    2.2.3 印制电路板 ··· 10
    2.2.4 下载工具 ·· 11
    2.2.5 电源 ·· 12
    2.2.6 焊接工具 ·· 14

第3章 单片机最简应用系统设计——点亮一个发光二极管的控制系统 ···················· 16
3.1 系统硬件设计 ··· 16
3.2 系统软件设计 ··· 17
3.3 实物制作过程 ··· 17
习题 ··· 19

第2篇 片内功能模块设计篇

第4章 报警器与旋转灯设计 ·· 20
4.1 项目任务 ·· 20
4.2 硬件设计 ·· 20
4.3 程序设计 ·· 21
4.4 仿真与实验结果 ··· 22
习题 ··· 23

第5章 交通灯控制系统设计 24
5.1 项目任务 24
5.2 硬件设计 24
5.3 程序设计 26
5.4 仿真与实验结果 27
习题 29

第6章 多台设备自动循环控制系统设计 30
6.1 项目任务 30
6.2 硬件设计 30
6.3 程序设计 31
6.4 仿真与实验结果 33
习题 34

第7章 顺序控制系统设计 35
7.1 项目任务 35
7.2 硬件设计 35
7.3 程序设计 36
7.4 仿真与实验结果 38
习题 38

第3篇 片外扩展设计篇

第8章 八路抢答器设计 39
8.1 项目任务 39
8.2 硬件设计 39
8.3 程序设计 40
8.4 仿真与实验结果 46

第9章 用LED数码管显示的秒表设计 48
9.1 项目任务 48
9.2 硬件设计 48
9.3 程序设计 49
9.4 仿真与实验结果 51

第10章 用LCD1602显示的秒表设计 53
10.1 项目任务 53
10.2 硬件设计 53
10.3 程序设计 53
10.4 仿真与实验结果 59

第11章 可调式数码管电子钟设计 61
11.1 项目任务 61
11.2 硬件设计 61

| | 11.3 程序设计 | 63 |
| | 11.4 仿真与实验结果 | 69 |

第 12 章　可调式 LCD1602 电子钟设计 ········· 70
12.1 项目任务 ········· 70
12.2 硬件设计 ········· 70
12.3 程序设计 ········· 71
12.4 仿真与实验结果 ········· 80

第 13 章　采用单片机控制的电子琴设计 ········· 82
13.1 项目任务 ········· 82
13.2 硬件设计 ········· 82
13.3 程序设计 ········· 84
13.4 仿真与实验结果 ········· 89

第 14 章　基于 ADC0809 的数字电压表设计 ········· 91
14.1 项目任务 ········· 91
14.2 硬件设计 ········· 91
14.3 程序设计 ········· 93
14.4 仿真与实验结果 ········· 94

第 15 章　采用 ADC0832 的两路电压表设计 ········· 96
15.1 项目任务 ········· 96
15.2 硬件设计 ········· 96
15.3 程序设计 ········· 99
15.4 仿真与实验结果 ········· 102

第 16 章　采用 DAC0832 的波形发生器设计 ········· 104
16.1 项目任务 ········· 104
16.2 硬件设计 ········· 104
16.3 程序设计 ········· 107
16.4 仿真与实验结果 ········· 118

第 17 章　电梯楼层显示器设计 ········· 120
17.1 项目任务 ········· 120
17.2 硬件设计 ········· 120
17.3 程序设计 ········· 123
17.4 仿真与实验结果 ········· 126

第 18 章　电子密码锁设计 ········· 127
18.1 项目任务 ········· 127
18.2 硬件设计 ········· 127
18.3 程序设计 ········· 129
18.4 仿真与实验结果 ········· 135

第 19 章　可调式电子日历设计 ······ 138
- 19.1　项目任务 ······ 138
- 19.2　硬件设计 ······ 138
- 19.3　程序设计 ······ 142
- 19.4　仿真与实验结果 ······ 148

第 4 篇　综合应用篇

第 20 章　采用单片机控制的光伏发电升压电路设计 ······ 150
- 20.1　项目任务 ······ 150
- 20.2　项目分析 ······ 150
- 20.3　硬件设计 ······ 151
- 20.4　程序设计 ······ 158
- 20.5　仿真与实验结果 ······ 159

第 21 章　光伏寻日控制系统设计 ······ 162
- 21.1　项目任务 ······ 162
- 21.2　项目分析 ······ 162
- 21.3　硬件设计 ······ 165
- 21.4　程序设计 ······ 169
- 21.5　调试和实验结果 ······ 184

第 22 章　风速风向测量仪设计 ······ 186
- 22.1　项目任务 ······ 186
- 22.2　硬件设计 ······ 186
- 22.3　程序设计 ······ 189
- 22.4　实验结果 ······ 193

第 23 章　智能公交显示系统设计 ······ 194
- 23.1　项目任务 ······ 194
- 23.2　项目分析 ······ 194
- 23.3　硬件设计 ······ 195
- 23.4　程序设计 ······ 198
- 23.5　样机调试 ······ 213
- 23.6　通信结果显示分析 ······ 215

参考文献 ······ 216

第1篇 基础知识篇

第1章 单片机课程设计概述

1.1 为什么要安排课程设计

单片机全称是单片微型计算机,它是指在一块半导体芯片上,集成了微处理器、存储器、输入/输出接口、定时器/计数器以及中断系统等功能部件,构成一台完整的微型计算机。单片机可通过执行使用者编写的程序,控制芯片的各个引脚在不同时间输出不同的电平,从而很方便地控制与引脚相连的外围电路的电气状态,因此单片机在各种控制场合获得了广泛的应用,如工业控制、汽车电子系统、机器人、能源、通信、军事等众多领域,已经成为电子技术智能化最普遍的使用手段。在日常生活中随处可见采用单片机进行自动化控制的家用电器,如空调、冰箱、电饭煲、洗衣机等。而在引导高等学校注重培养学生实践能力、创新能力、协作精神和理论联系实际学风的全国大学生电子设计竞赛中,几乎所有的作品都要用单片机才能完成设计。因此单片机课程已成为高校电气类、电子信息类、计算机类、机械类专业的重要专业基础课程,该课程的教学应为培养学生的实践和创新能力提供一个良好的平台。

由于单片机是一门涉及计算机硬件与软件的多学科综合性课程,又是一门实践性极强的课程,仅仅通过理论课和有限的实验课,只能达到熟悉相关知识点,应付考试的作用,很多同学反映,考试考完了,学的知识也很快忘记了,到了毕业设计或工作中要用单片机设计一个控制系统时,依然是一头雾水,不知如何下手。因此为了提高学习效果,真正提高学生的单片机实践与创新能力,大多数学校均会安排一到两周的单片机课程设计,希望通过课程设计完成一件不太复杂的单片机应用系统作品,让学生通过课程设计,"解剖麻雀",真正理解与掌握单片机的内涵,熟悉单片机应用系统设计、开发与研制的全过程,熟悉软、硬件设计的方法、内容与步骤。

1.2 课程设计在学习过程中的作用

首先谈一下单片机与单片机应用系统的关系。单片机与单片机应用系统有联系又有区别,前者是后者的基础,后者是前者的应用。单片机本身只是一块集成芯片,外观如图1-1

所示，它内部包含了丰富的电路资源和精妙的电路结构，若将一个单片机外面的黑色硬塑料（或其他材料）制成的外壳打开，可以看到类似图 1-2 所示的内部结构，在塑料基底的中央有一个微型的芯片，还有连接芯片和单片机引脚的细导线。单片机起主要作用的是芯片部分，细导线只是起到了在芯片和引脚之间传递信号的作用。

单片机这么复杂，我们应该如何学习呢？应从两个方面来下手，一是掌握编程结构。所谓编程结构，即是从编程人员角度所看到的单片机内部结构，即单片机包括几大组成部分，每一部分用哪些寄存器去控制，寄存器的设置方法等。编程结构便于我们从软件编程的角度去了解单片机系统的操作和运行，不必了解单片机内部复杂的电路结构、电气连接或开关特性。单片机学习的第二个方面是引脚功能，单片机功能的实现要靠程序控制其各个引脚在不同的时间输出不同的电平，进而控制与单片机各个引脚相连接的外围电路的电气状态，因此要学习单片机，必须掌握它的引脚功能。

图 1-1　单片机实物

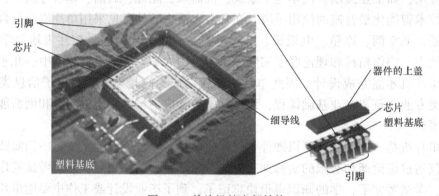

图 1-2　单片机的内部结构

单片机的编程结构与引脚功能属于单片机本身的知识。但从图 1-1 和图 1-2 可见，只有一块单片机集成芯片，即使它内部包含的资源再多，功能再强大，也不能发挥作用，必须要将单片机和外围设备组成单片机应用系统，才能发挥单片机的作用，能获得应用的是单片机应用系统，而绝不仅是单片机本身。原因有二，一是为了缩小体积，单片机集成度很高，这样单片机工作的一些必须功能电路，如晶振电路与复位电路就没有办法集成到单片机内部去，只能在外面通过引脚接进去。使单片机获得应用的最简应用系统（也称最小应用系统）如图 1-3 所示，由单片机本身、电源、晶振与复位电路构成了真正可使用的单片机最简应用系统。

单片机最简应用系统具有结构简单、成本低、并行口线都可供输入/输出使用的优点。

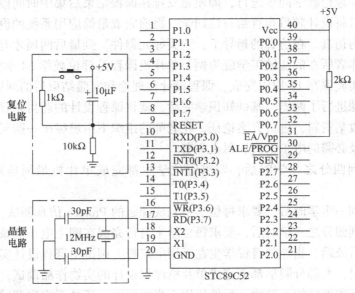

图 1-3 单片机最简应用系统硬件原理图

随着单片机内部存储容量的不断扩大和内部功能的不断完善，单片机"单片"应用的情况更加普遍，这是单片机发展的一种趋势。但是由于控制对象的多样性和复杂性，常常会出现单片机内部的存储器、定时器/计数器、中断、并行 I/O 口及串行口等资源不够用的情况，而且多数单片机内部没有集成 A/D 和 D/A 等芯片，对模拟量的处理非常不方便，另外在单片机应用系统硬件设计中往往还需要考虑人机接口、参数检测、系统监控、超限报警等应用需求，此时单片机最简应用系统就不能满足要求了，在进行系统设计时要进行更复杂的系统扩展，构成功能更强大的单片机应用系统。

单片机学习的最高境界是将学习的单片机知识、数电、模电、电力电子等多学科的知识融合起来，设计出单片机应用系统。要达到这一境界，第一步是进行单片机理论和实验课的学习，熟悉单片机的内部资源、软件编程的汇编语言或 C 语言工具，第二步是参加课程设计一类的实践环节，动手做一个不太复杂的单片机应用系统，熟悉单片机应用系统设计的全部流程，第三步是在实践中通过对多个较复杂应用系统的开发，获得设计经验。因此单片机课程设计可使学习者将单片机知识从理论转化为实际应用，是培养单片机系统设计师的关键一步。

1.3 课程设计的内容与组织方式

课程设计时间有限，一般不多于两周，要想让学生在规定时间内，运用有限的知识去独立完成一个较复杂的单片机应用系统的全部设计、制作和调试比较困难，所以课程设计的题目选择很关键，可以选择一些对单片机接口或内部资源进行简单应用的题目，如流水灯、交通灯、数码管显示器、液晶显示器、点阵显示器、定时器应用的秒表或时钟、键盘应用、A/D 转换、D/A 转换设计方面的题目，工作量不宜太大；对学有余力的同学可以安排一些复杂的题目，最好是一人一题，没有条件的也可两人一题，但要求个人有独到的见解。

课程设计可和理论教学同步进行，即便是安排在课程结束后集中时间段进行，也要在理论课进行期间早日将设计题目布置给每位同学，提前完成最简应用系统的设计和调试、完成设计方案的论证与仿真，在仿真的指导下，购买好元器件，到最后两周才有可能真正完成课程设计作品。以作者所在的盐城工学院为例，单片机课程是理论教学64学时，实验教学16学时，理论课与实验课在16周内完成，课程设计在理论和实验结束后的两周内进行。

一般在理论课进行了两周，基础知识学完后，就将课程设计的题目布置给学生，随后的两周，要求学生收集资料，进行方案论证，在老师的组织下由班级统一购买单片机最简应用系统所需元器件及必需的电工工具，每人一套。

理论课进行到四分之一学时后，要求每位学生都完成单片机最简应用系统的焊接与调试。

理论课进行到一半学时后，要求每位学生完成课题的Proteus仿真调试。

理论课进行到四分之三学时后，要求每位学生自行完成在网上电子商城购买课题所需的其他元器件，随后鼓励、指导并督促学生在万用电路板上调试出课程设计实物作品。

理论课结束时，大部分同学都能完成单片机课程设计的实物作品调试，少部分同学可能由于焊接问题、元器件性能不熟悉、元件使用不当等原因，还处于实物调试阶段。

集中课程设计的两周时间内，继续完成电路焊接与调试等电子设计的全过程，要求学生充分调试软件，鼓励他们编写不同的程序实现题目所要求的功能，真正对软件与硬件融会贯通，完成设计说明书的撰写，鼓励学有余力的同学完成PCB板的设计与实物作品调试。

两周集中课程设计时间后要求提交的材料包括课程设计说明书，调试成功的多孔电路板实物作品、PCB板实物作品（可选）及整个设计过程的视频。设计说明书要求用Word软件排版，从方案设计到器件选型，从程序开发到调试，都总结成文字材料，使学生充分体验设计工作的系统性，对学生的工程素质进行全面的训练，原理图与PCB图要求用Altium Design软件绘制，最后再安排一到两天时间进行课程设计答辩，通过自述与提问方式深入了解学生对课题的掌握情况。

课程设计的考核根据学生实物完成、视频制作、设计说明书与答辩情况综合评分，评分比例为实物作品+视频制作40%，设计说明书30%，创新性15%，答辩15%。单片机课程设计安排为一门独立的课程，如果考核不通过，当年没有补考机会，只能等下一学年跟下一届同学一起重做。

如此安排后，学生思想上对课程设计高度重视，因为要完成实物作品，学生学习积极性也大大提高。通过连续八年的实践，每一届所有同学均可以做出符合预期要求的作品，有相当一部分同学在课程设计集中时间段开始之前就完成了规定的任务，剩余时间他们还完成了自己感兴趣的创新设计，创新能力得到了提高，在校级、省级或国家级的大学生竞赛中取得了优良的成绩。

第 2 章 单片机课程设计的工具

边学边实践是快速掌握单片机的途径,想成为单片机系统设计师的同学一定要想方设法让自己有机会进行实践训练,实践可以用 Proteus 软件或购买别人开发的单片机学习板,但最好的方式是自己动手做一个单片机应用系统,哪怕是最简单的流水灯系统。用仿真软件和在学习板上完成实验,可以帮助我们理解知识点,但真正动手实践时还会遇到一系列问题,只有将实践中的问题解决了,才真正具有单片机系统设计的能力。本章主要介绍单片机课程设计时用到的工具知识。

2.1 软件工具

2.1.1 Keil 软件

单片机本身只是将微机的主要功能部件集成在一起的一块集成芯片,内部无任何程序,只有当它和其他器件、设备有机地组合在一起,并配置适当的工作程序后,才能构成一个单片机应用系统,完成规定的操作,具有特定的功能。因此与通用微机不同,单片机本身没有自主开发能力,必须借助于开发工具编制、调试、下载程序或对器件编程。开发工具的优劣,直接影响开发工作效率。

80C51 单片机最常用的开发环境是 Keil C51 - μVision IDE (Integration Develop Entironment),Keil C51 提供了包括 C 语言编译器、宏汇编、连接器、库管理和一个功能强大的仿真调试器等在内的完整开发方案,通过一个集成开发环境 μVision IDE 将这些部分组合在一起,可以完成程序编辑、编译、链接功能,并可以与单片机联调或运行程序,本书或今后单片机应用系统开发的程序都可以在 μVision 中开发,目前最新的版本是 μVision5。

限于篇幅,关于 Keil C51 软件、Proteus 软件和 ISP 软件的详细介绍和使用方法,请见参考文献[1]第 2 章。

2.1.2 Proteus 仿真软件

英国 Labcenter Electronics 公司推出的 Proteus 软件,可以对基于微控制器的设计连同所有的周围电子器件一起仿真,用户甚至可以实时采用诸如 LED/LCD、键盘、RS232 终端等动态外设模型来对设计进行交互仿真。在学习过程中,只要有一台计算机,再运行用 Proteus 软件搭建的单片机应用系统仿真模型就可以十分逼真地模拟出实验现象,因此在单片机的学习中,Proteus 软件的作用十分显著。在实际开发单片机应用系统的过程中,硬件投入比较大,在具体的工程实践中,如果因为方案有误而要重新进行相应的开发设计,就会浪费较多的时间和经费。此时若用 Proteus 软件先进行仿真,等方案成熟后再做硬件,可以节省大量的时间与资金。对于单片机课程设计,若用 Proteus 软件先进行仿真,验证硬件和软件设计方案,调试程序,待仿真的结果符合设计要求的结果,再进行硬件实物制作,采用这样的流程可以起到事半功倍的效果,而且用仿真软件可以让学生充分观察运行现象,加深对知识点的理解和掌握。

2.1.3 在系统编程软件 ISP

程序下载到单片机的过程,称为单片机编程(也称为烧写),这需要用专门的下载软件将编译器生成的目标文件(hex 文件)烧写至单片机里。以前程序下载到单片机中需用专门的烧写器,使用方法是:先将单独的一片单片机插到烧写器插座中,将调试通过的程序下载到单片机中,再将单片机插回到用户系统的单片机插座,整个过程操作比较麻烦,而且专用烧写器价格较贵。

随着单片机技术的发展,出现了在系统编程(In System Programming,ISP)技术。ISP 是指用户通过 PC 的软件,把已编译好的目标代码 hex 文件通过串行口直接写入用户系统的单片机,不需要将单片机从电路板上取下到专门的烧录器上烧录。不论单片机片内的存储器是空白的还是被编程过的,都可以用 ISP 方式擦除或再编程。在系统编程是 Flash 存储器的固有特性,内含 Flash 存储器的单片机,都可以采用这种方式编程。

STC_ISP 软件由 STC 公司研发,可以向 STC89C51、STC89C52 等系列单片机内烧写程序,目前最高版本是 STC_ISP_V6.85,下载界面如图 2-1 所示,可以设置波特率、串口等参数,同时 STC_ISP 软件还可以作为串口调试工具,作为串口收发数据的调试软件。

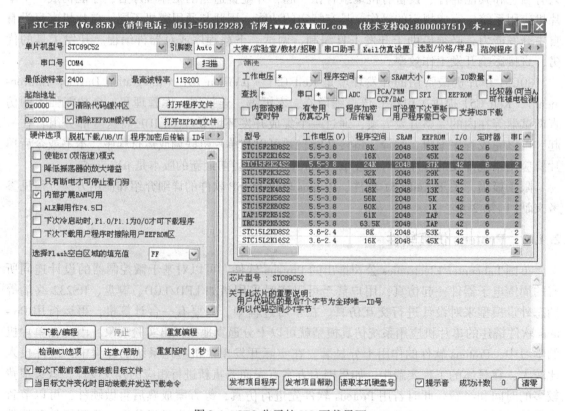

图 2-1 STC 公司的 ISP 下载界面

2.1.4 其他相关软件

除了会编写与调试程序外,单片机应用系统最终都要做出硬件产品才能发挥作用。要做硬件先要设计电路原理图,电路原理图调试通过后,再做成印制电路板(Printed Circuit Board,PCB),因此对单片机系统设计来说,电路原理图和 PCB 图的设计是两个非常基本的技能,单片机系统设计有一半以上的功夫会落在系统的电路设计和电路板的制作上。

可以帮助设计电路图、印制电路板图的软件有很多,常用的有 Altium Design、AutoCAD、PowerPCB 等。这些软件并不难,只要知道设计原理,使用起来很容易。由于篇幅有限,本书不展开讲这些软件的使用方法,需要学习的同学可以参考专门介绍电路设计的参考书。

一件产品设计成功后,设计说明书的撰写也非常重要,俗话说"文若其人",一份好的设计说明书能较好地反映出学生的知识、能力和素质水平,设计说明书的撰写除了要求学生在文字结构方面用心揣摩、仔细斟酌外,还要用到微软公司的 Office 软件、Visio 软件等。

2.2 硬件工具

2.2.1 面包板

面包板是电路实验中一种常用的具有多孔插座的插件板,使用者可以在上面通过插接导线、电子元件来搭建不同的电路,从而实现相应的功能。因为面包板无需焊接,只需要简单的插接,所以它广泛应用于电子制作与单片机的入门学习中。

常见的面包板最小单元外观如图 2-2 所示,分上、中、下三部分,最上面和最下面部分一般是由一行或两行的插孔构成的窄条,中间部分由上下各 5 行的插孔构成的宽条和一条隔离凹槽组成。

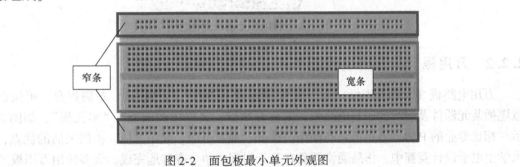

图 2-2 面包板最小单元外观图

窄条部分外观和结构如图 2-3 所示。窄条上下两行之间电气不连通。每 5 个插孔为一组,通常的面包板上有 10 组或 11 组。对于 10 组的结构,左边 5 组内部电气连通,右边 5 组内部电气连通,但左右两边之间不连通,这种结构通常称为 5-5 结构。还有一种 3-4-3 结构,即左边 3 组内部电气连通,中间 4 组内部电气连通,右边 3 组内部电气连通,但左边 3 组、中间 4 组以及右边 3 组之间是不连通的。对于 11 组的结构,左边 4 组内部电

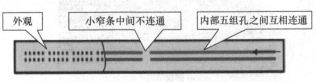

图 2-3 面包板窄条部分外观和结构图

气连通,中间 3 组内部电气连通,右边 4 组内部电气连通,但左边 4 组、中间 3 组以及右边 4 组之间是不连通的,这种结构称为 4-3-4 结构。

中间部分宽条是由中间一条隔离凹槽和上下各 5 行的插孔构成。在同一列中的 5 个插孔是互相连通的,列和列之间以及凹槽上下部分则是不连通的,外观及结构如图 2-4 所示。

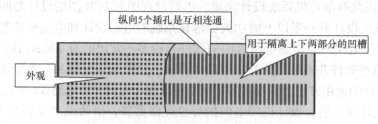

图 2-4 中间部分宽条外观及结构图

用面包板搭建电路时,中间宽条用于连接电路,由于凹槽上下是不连通的,所以集成块一般跨插在凹槽上。上面的窄条取一行做电源,下面的窄条取一行做接地,使用时注意窄条的中间部分不通。插接芯片及电路的图片如图 2-5 所示。

图 2-5 插接芯片及电路的图片

2.2.2 万用板

万用电路板(简称万用板)是一种按照标准 IC 间距(2.54mm)布满焊盘、可按自己的意愿插装元器件及连线的印制电路板,简称万用板,又称"洞洞板""多孔板",如图 2-6 所示。相比专业的 PCB,万用板具有使用门槛低、成本低廉、使用方便、扩展灵活的优点,如在大学生电子设计竞赛中,作品通常需要在几天时间内争分夺秒地完成,大多使用万用板。

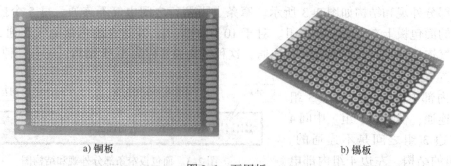

a) 铜板   b) 锡板

图 2-6 万用板

根据是否两面都有焊盘，万用板分为单面板和双面板两种；根据材质不同分为铜板和锡板。铜板的焊盘是裸露的铜，呈金黄色，平时应该用报纸包好保存以防止焊盘氧化，万一焊盘氧化了（焊盘失去光泽、不好上锡），可以用棉棒蘸酒精清洗或用橡皮擦拭。锡板在焊盘的表面镀了一层锡，焊盘呈银白色。锡板的基板材质要比铜板坚硬，不易变形，价格也有区别，以大小为 100 cm² （10cm×10cm）的单面板为例：铜板价格 3～4 元，锡板 7～8 元，一般每平方厘米不超过 8 分钱。

元器件插在万用板的一面，元器件引脚穿过万用板上的过孔，在万用板另一面使用电烙铁焊接引脚与万用板上的焊盘，然后焊接导线并通过导线实现元器件之间的电气连接。元器件一般都安装在万用板的同一面，导线可以焊接在万用板的任意一面。以图 2-7a 所示的矩阵键盘电路为例，其万用板焊接电路的正、反面分别如图 2-7b、c 所示。

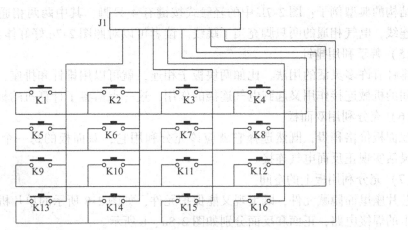

a) 矩阵键盘电路原理图

b) 矩阵键盘万用板正面

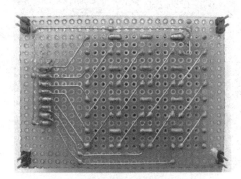

c) 矩阵键盘万用板反面

图 2-7 矩阵键盘原理图及其万用板焊接电路

很多同学单片机课程设计焊接的万用板不稳定，会出现短路或断路问题。除了布局不够合理和焊工不良等因素外，缺乏技巧是造成这些问题的重要原因之一。掌握一些技巧可以使电路反映到实物硬件的复杂程度大大降低，减少飞线的数量，让电路更加稳定。下面介绍万用板的焊接技巧。

（1）初步确定电源、地线的布局

电源贯穿电路始终，合理的电源布局对简化电路起到十分关键的作用。某些洞洞板布置有贯穿整块板子的铜箔，应将其用作电源线和地线；如果无此类铜箔，设计者也需要对电源线、地线的布局有个初步的规划。

（2）善于利用元器件的引脚

万用板的焊接需要大量的跨接、跳线等，不要急于剪断元器件多余的引脚，有时候直接跨接到周围待连接的元器件引脚上会事半功倍。另外，本着节约材料的目的，可以把剪断的元器件引脚收集起来作为跳线用材料。

（3）善于设置跳线

特别要强调这一点，多设置跳线不仅可以简化连线，而且要美观得多，如图 2-7c 所示。

（4）善于利用元器件自身的结构

对图 2-7a 中的矩阵键盘电路，图 2-7b、c 所示焊接的矩阵键盘就是充分利用了元器件自身结构的典型例子：图 2-7b 中的轻触式按键有 4 只脚，其中两两相通，利用这一特点来简化连线，电气相通的两只脚充当了跳线。读者可以对照图 2-7c 好好体会一下。

（5）善于利用排针

排针有许多灵活的用法，比如两块板子相连，就可以用排针和排座，排针既起到了两块板子间的机械连接作用又起到电气连接的作用，这一点借鉴了计算机的板卡连接方法。

（6）充分利用双面板

双面板价格稍贵，既然选择它就应该充分利用它，双面板的每一个焊盘都可以当作过孔，灵活实现正反面电气连接。

（7）充分利用板上的空间

芯片座里面隐藏元件，既美观又能保护元件，如图 2-8 所示的单片机最简应用系统在万用板上的焊接电路，正面和反面分别如图 2-8a、b 所示。

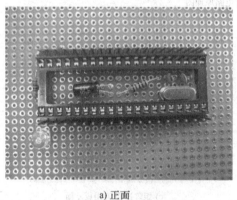
a) 正面

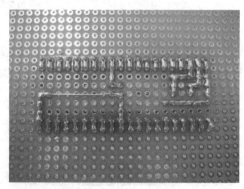
b) 反面

图 2-8　单片机最简应用系统万用板焊接电路

万用板上的元器件和导线都是通过焊接连接固定的，比面包板插元器件和导线要牢固，工作可靠性高，但是如果要更换元器件或修改连接导线就不像面包板那么方便，所以可视电路的制作需要选择使用万用板或面包板进行操作。

2.2.3　印制电路板

面包板和万用板一般只在电路设计、调试时使用，在成熟的电子产品中，电路的载体都是印制电路板（PCB），它是针对电路唯一设计出来的实现元器件焊装及电气连接的电路板。

印制电路板是功能电路的最终表现形式,是电路设计的终极目标。

电路原理图在软件中设计出来后,可在同一软件中设计生成印制电路板图。把印制电路板图交给电路板生产厂家,就可以把印制电路板加工出来。图 2-9a 为一位学生课程设计做的模拟多台设备自动循环控制系统的印制电路板,这个印制电路板现在还只是裸板,没有任何元器件焊装在上面,只是在正、反面已经通过铜箔预先铺设好了该有的电气连接。它的正面印有与电路原理图对应的每一个元器件符号和序号,这样在进行焊装时方便把对应的电子元器件插进过孔并焊接在焊盘上,图 2-9b 为元器件已经焊装到印制电路板上,通电工作后的电路板,第 6 个发光二极管亮,在数码管上同时显示数字 6。

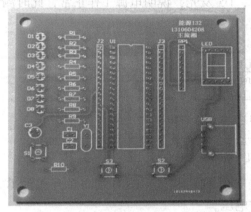
a) 印制电路板

b) 焊接好的作品

图 2-9　模拟多台设备自动循环控制系统

2.2.4　下载工具

程序下载采用带有 CH340 芯片或 PL2303 芯片的 USB 转串口转换器完成。USB 转串口转换器全称为 USB to Serial Port Module,它可以实现将 USB 接口虚拟成一个串口,解决笔记本电脑无串口的苦恼。USB 转串口转换器如图 2-10 所示,转换器的 USB 口直接接到 PC 的 USB 接口上,另外五根针式接头中的 +5V、GND、RXD 和 TXD 通过杜邦线和单片机的 +5V、GND、RXD 和 TXD 分别相连,运行 USB 转串口转换器驱动程序后,就可以用 ISP 软件下载程序到单片机中。

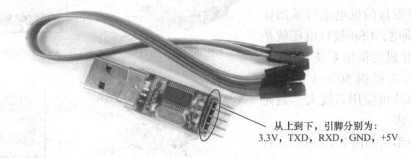

从上到下,引脚分别为:
3.3V、TXD、RXD、GND、+5V

图 2-10　USB 转串口转换器

2.2.5 电源

要使 80C51 单片机工作,必须提供直流 5V 电源供电,电源可以采用以下三种方案之一。

（1）自制直流稳压电源

STC89C52 单片机的 V_{cc}（40 引脚）和 GND（20 引脚）是供电端（见图 1-3），工作电压为 +5V。在设计单片机系统时,首先要解决的问题就是电源。对于一般的单片机系统电源完全可以自制,可以采用如图 2-11 所示的电路,220V 交流电经过变压器,变为 6V 交流电,再经过整流→滤波→7805 三端稳压模块的稳压→滤波后,在输出端加一个电源开关 S1、电源指示灯 D5、限流电阻 R1。当 S1 闭合时,D5 发光,说明电源工作正常,此时测量电源的输出端应该接近 +5V。

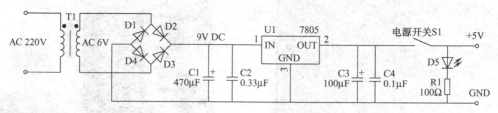

图 2-11　STC89C52 单片机系统直流稳压电源

图 2-11 所示的电源 +5V 端与单片机的 V_{CC}（40 脚）相连,GND 端与单片机的 GND（20 脚）相连,这样单片机就可获得 +5V 的工作电压。

（2）电源适配器

比较省事的方法是到电子市场或网上直接购买一个额定电流不小于 500mA、额定电压 5VDC 的电源适配器,如图 2-12 所示,适配器插到市电插座中,其直流输出端就出现一个稳定的直流电压。将输出端通过一个直流插座引出,与单片机系统的供电端连接即可（注意区别正、负极）。

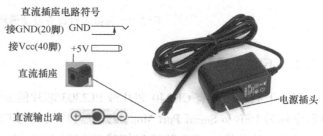

图 2-12　电源适配器

（3）USB 接口供电

单片机开发板的供电也可采用计算机的 USB 供电,USB 接口电压就是 5V 的,和单片机的供电系统相适配。USB 供电最大能提供 500mA 的直流电,能满足单片机应用系统大多数元器件的供电要求。

USB 接口形状如图 2-13 所示,有 A 型（扁型）公口、A 型母口、B 型（方型）公口、B 型母口,引脚定义

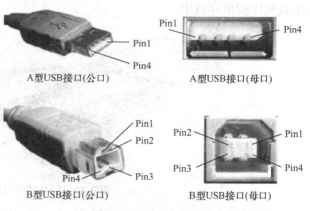

图 2-13　USB 接口形状

见表 2-1。A 型和 B 型的 USB 接口都有四根线,其中 1 脚和 4 脚为一组,用于提供电源,分别定义为 Vcc、GND,3 脚和 2 脚为另一组,用来传送数据,分别定义为 Data +、Data –。

表 2-1 USB 引脚定义

引 脚	功 能	颜 色	备 注
1	Vcc	红	电源 +5V
2	Data –	白	数据 –
3	Data +	绿	数据 +
4	GND	黑	地

USB 供电的电路图如图 2-14 所示,电路简单易懂,与自制的变压器产生的 5V 供电系统相比,USB 供电电压为 5V,更加安全,并且制作过程要比变压器 5V 供电系统容易得多。

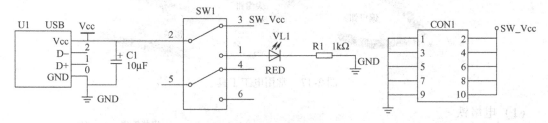

图 2-14 USB 供电电路

图 2-14 中 USB 若为 A 型母口 USB 接口,使用时可以用图 2-15 所示的公–公 USB 延长线和计算机的 USB 口相连接,以提供电源;10μF 电容 C1 起滤波作用;6 脚自锁开关 SW1 外形如图 2-16 所示,其引脚分为两组,1~3 脚为一组,4~6 脚为另一组,两组连接特性相同,没有按下时每一组中有两个引脚是连通的,按下自锁开关后,原来连通的引脚断开,换成另外的两个引脚相连,使用前用万用表测试一下,确定之后再使用。LED 发光二极管 VL1 可以用于指示电源是否接通,电阻 R1 用于限流,防止将 LED 发光二极管烧毁。为了增加亮度,电阻 R1 可以选用 330Ω,一般不选择比 330Ω 更小的电阻;双排针 COM1 用于扩展 5V 直流电源,使用时可以使用杜邦线将电源引出连接。

图 2-15 公–公 USB 延长线

图 2-16 6 脚自锁开关

2.2.6 焊接工具

使用万用板或印制电路板制作实物时，元器件引脚与焊盘之间的连接与固定需要通过焊接实现。焊接是电路板制作非常关键的一步，因为焊接质量的好坏直接影响电路的稳定性。焊接所需要的常用工具如图 2-17 所示，它们在焊接过程中的作用如下：

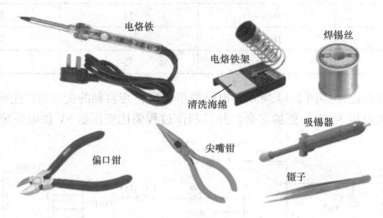

图 2-17　常用电工工具

（1）电烙铁

焊接主要利用电烙铁发热，把焊锡丝熔化在引脚与焊盘之间，所以电烙铁是焊接必不可少的工具。电烙铁一般使用 AC 220V 供电，通电几秒至几分钟后电烙铁头的温度就可达到焊锡丝的熔化温度（300～400℃）。电烙铁有不同的功率，一般可选用 15～40W。注意在使用时一定要接好电烙铁的地线，否则很有可能因漏电而击穿元器件或使人触电。电烙铁通电后烙铁头（金属部分）温度很高，注意不要被烫伤。如果条件许可，还可以选用如图 2-18 所示的温控电烙铁台，它包括一个电烙铁、温控器、电烙铁架。这种设备可以精确控制电烙铁温度以提高焊接质量，同时保护一些对温度敏感的元器件在焊接中不会被烫坏。

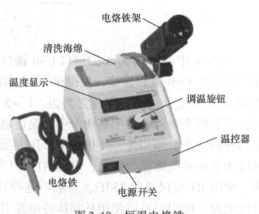

图 2-18　恒温电烙铁

（2）电烙铁架

电烙铁通电后温度较高，需要放置在专门的电烙铁架上才不会意外滚落，否则极易导致烫伤或火灾。如果电烙铁长时间不使用或操作人员离开时，应当关闭电源，以免发生意外。在电烙铁架的底座上还有一块专门用于擦拭电烙铁头的清洗海绵（sponge pad），在焊接过程中，电烙铁头常常会因氧化等原因产生"锅巴"而无法上锡继续焊接，这时可将电烙铁头在浸过水的清洗海绵上轻轻擦拭即可。

（3）焊锡丝

焊锡丝是一种导体，是焊接的主要耗材。电烙铁对焊锡丝加热至熔化，当焊锡丝凝固后就会把元器件引脚与焊盘之间焊接起来,在固定的同时实现电气连接。焊锡丝中间已经混合有松香(助焊),所以使用起来非常方便。

(4) 偏口钳

偏口钳用于截断元器件引脚或剪断导线,也可用来代替剥线钳去掉导线外的绝缘皮。

(5) 尖嘴钳

主要用于折弯元器件的引脚。

(6) 吸锡器

如果焊接有误或其他原因需要把已经焊接好的元器件从电路板上拔下来,可一边用电烙铁加热焊点使焊锡熔化,同时用吸锡器把熔化的锡吸走。注意多次重复吸锡过程一般就可以使元器件的引脚与焊盘脱离。

(7) 镊子

在焊接时可以夹住元器件,也可以用于取拿个头较小的元器件。

第3章 单片机最简应用系统设计——点亮一个发光二极管的控制系统

下面设计并制作一个单片机最简控制系统——点亮一个发光二极管的控制系统，该控制系统是所有单片机应用系统必不可少的核心部分，本书后面所有的设计实例都是在该系统上扩展的。

3.1 系统硬件设计

点亮一个发光二极管的单片机应用系统的硬件原理图如图3-1所示，其组成主要有①单片机——STC89C52（80C51中的一种），②+5V电源电路，③晶振电路，④复位电路，⑤1个发光二极管D1，⑥330Ω与2kΩ电阻各一个。发光二极管D1的阳极直接接+5V电源，阴极通过330Ω限流电阻连接在单片机的P1.0引脚上，如果P1.0引脚输出低电平，发光二极管D1就被点亮。

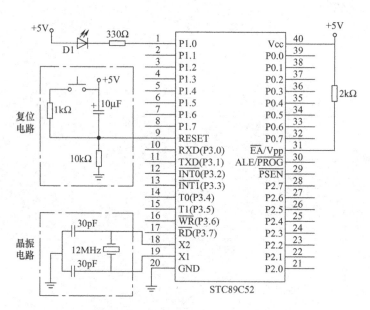

图3-1 点亮一个发光二极管的单片机应用系统硬件原理图

单片机将计算机的主要功能部件都集成到一块芯片上，理应独立作为计算机使用，更好地发挥其体积小、重量轻、耗电少、价格低的优点，但有些功能电路是无法集成到芯片内部的，例如要使单片机系统工作，必须有电源电路为单片机提供电能，必须有晶振电路为单片机提供其工作所需要的脉冲信号（单片机是时序电路，必须要有脉冲信号才能正常工作），还必须有复位电路使单片机内部元件都处于一个确定的初始状态,并从这个状态开始工作。电源电路、晶振电路和复位电路必须在单片机的外面单独设计,由单片机、电源、晶振、复位电路就构成了真正可使用的单片机最简应用系统。

使用单片机的目的是控制外部设备,LED 发光二极管是一种最常用的外设。图 3-1 中 330Ω 限流电阻的作用是防止流过发光二极管的电流过大而将其烧毁。限流电阻阻值的计算方法为 $R = (5 - 1.75)/I_d$,式中 I_d 为流过发光二极管的电流,一般为 2~20mA,由设计者根据所希望的发光亮度选择电流的大小,电流值越大,发光二极管越亮,但不能太大,当流过二极管的电流超过 20mA 时,容易将其烧坏。

3.2 系统软件设计

硬件全部连接好之后,发光二极管 D1 并不能点亮,要点亮它,还要让单片机运行程序,使单片机 P1.0 引脚输出低电平,从而使 D1 点亮。

程序设计如下:

```
/*    点亮一个发光二极管的程序 */
#include <reg52.h>      //包含 52 系列单片机头文件
sbit led1 = P1^0;       //声明单片机 P1 口的第一位,P1.0 的位名称为 led1
void main()             //主程序
{
    led1 = 0;           /* P1.0 口输出低电平,点亮发光二极管 D1
    while(1);           //程序运行到此处停止
}
```

将上述控制软件写到单片机中去,再运行就会得到所需要的二极管点亮的效果。

3.3 实物制作过程

下面介绍一下在多孔电路板上制作点亮一个发光二极管的单片机应用系统的过程,整个制作过程如图 3-2 所示。

1) 首先准备好多孔板和与 STC89C52 单片机配套的 40 脚集成芯片插座,将 40 脚 IC 插座焊接到多孔板上,如图 3-2a 所示。

2) 按照图 3-1 所示硬件原理图焊接好电路中各个器件,如图 3-2b、c 所示,同时将 40 脚集成芯片的引脚与单排插针相连,以方便扩展。

3) 插上单片机芯片到 40 脚集成芯片插座上,如图 3-2c 所示。

4) 如图 3-2d、e 所示,用购买的 USB 下载线将单片机的电源引脚、串行口引脚与 PC 相连,直接从 PC 的 USB 口取 +5V 电源,再从 PC 将调试、编译好的程序用 STC - ISP 软件下载到单片机中去。

5) 运行单片机系统,LED 发光二极管点亮,如图 3-2f 所示,满足设计要求。

图 3-2f 点亮一个发光二极管的单片机最简系统元器件清单见表 3-1。

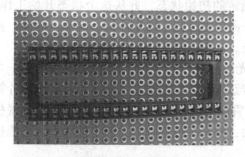
a) 焊接好40脚IC插座

b) 焊接好晶振、复位电路及与IC插座引脚相连的单排插针

c) 焊好复位按键，在P1.0口焊好电阻和发光二极管，在IC座上插上单片机

d) 将USB转串口下载器一端与单片机连接

e) USB转串口下载器一端通过USB口与PC连接

f) 单片机系统通电运行，LED灯点亮

图 3-2　点亮一个二极管的单片机应用系统制作过程

表 3-1　点亮一个发光二极管的单片机最简系统元器件清单

器　件	型　号	数　量
单片机	STC89C52	1只
排针	2.54mm 单排针	1个
磁片电容	30pF	2只
晶振	11.0592MHz	1个
单片机插座	40P	1个
按键		1个
万能板	双面板 10cm×15cm	1块
电解电容	10μF/16V	1只
电阻	330Ω（1/4W）	1个
电阻	1kΩ（1/4W）	1个

第3章 单片机最简应用系统设计——点亮一个发光二极管的控制系统

(续)

器　件	型　号	数　量
电阻	2kΩ (1/4W)	1个
电阻	10kΩ (1/4W)	1个
发光二极管	红	1个
USB转串口转换器	CH340	1个
导线		若干
焊接工具	40W烙铁	

点亮一个发光二极管的控制系统是一个最简单的单片机应用系统，通过对它的设计及制作过程的介绍，大家会发现单片机应用系统并不神秘，我们都可以学会。

习　题

编写程序使图3-1中的发光二极管D1一亮一灭闪烁显示。

第 2 篇　片内功能模块设计篇

单片机片内功能模块包括并行 I/O 接口模块、定时器/计数器模块、中断模块及串口模块。本篇设计实例以片内功能模块为基础，片外加少量的元器件构成单片机应用系统。

第 4 章　报警器与旋转灯设计

报警器与旋转灯，是一种为预防某事件发生而造成不良后果，以声、光两种形式来提醒或警示人们应当采取某种行动的电子产品，常应用于安全防范、交通运输、医疗救护、应急救灾、感应检测等领域。

4.1　项目任务

设计采用单片机控制的报警器与旋转灯，用蜂鸣器进行声音报警，发光二极管进行发光报警。

4.2　硬件设计

采用单片机控制的报警器与旋转灯结构框图如图 4-1 所示，采用片内带 8KB Flash ROM 的 STC89C52 单片机作为控制核心，由单片机、复位电路、晶振电路构成单片机最简应用系统。报警器与旋转灯由单片机最简应用系统、控制开关、声音报警模块、旋转灯发光报警模块四部分组成，电路原理图如图 4-2 所示，控制开关 K2 接外部中断 0 引脚 P3.2，蜂鸣器与 P3.7 口相连接，旋转发光的八个发光二极管与 P2 口相连，通过外部中断 0 控制报警器和旋转灯；当 K2 第一次按下时，报警器响，八个发光二极管按顺时针方向旋转，当 K2 第二次按下时，报警器停止，发光二极管熄灭。

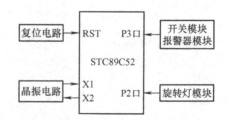

图 4-1　报警器与旋转灯系统结构图

第4章 报警器与旋转灯设计

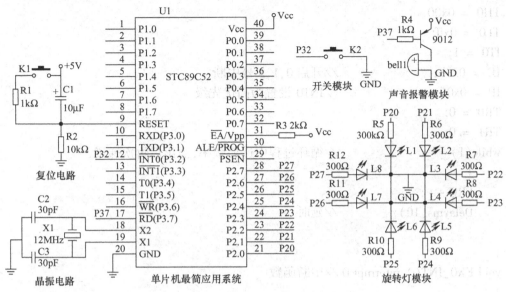

图4-2 单片机控制的报警器与旋转灯电路图

4.3 程序设计

通过程序控制单片机端口发出高低电平，使得发光二极管每次亮三个并且不停地旋转，蜂鸣器发出警报声。设计的程序如下：

```
#include <reg52.h>         //52单片机头文件
#include <intrins.h>
#define uint unsigned int   //宏定义
#define uchar unsigned char
sbit SPK = P3^7;           //蜂鸣器驱动电路控制位声明
uchar FRQ = 0x00;
void Delayms(uint ms)      //延时程序
{
    uchar i,j;
    while(ms--)
        {
        for(i=0;i<120;i++)
        for(j=110;j>0;j--);
        }
}
void main()                //主程序
{
    P2 = 0x00;             //关闭所有发光二极管
    SPK = 1;               //关闭蜂鸣器
    TMOD = 0x11;           //两个定时器均工作在模式1
```

```c
    TH0 = 0x00;
    TL0 = 0xff;
    IT0 = 1;
    IE = 0x8b;              //开启 0,1,3 号中断
    IP = 0x01;              //INT0 设置为高优先级
    TR0 = 0;
    TR1 = 0;
    while(1)                //循环过程中递增频率,溢出后再次递增
    {
        FRQ ++;
        Delayms(10);        //延时
    }
}
void EX0_INT() interrupt 0  //中断函数
{
    TR0 = ! TR0;            //开启或停止两个定时器,分别控制报警器声音和 LED 旋转
    TR1 = ! TR1;
    if( P2 == 0x00&&SPK ==1 )
        P2 = 0xe0;          //11100000,开三个灯旋转
    else
        P2 = 0x00;          //关闭所有 LED
    SPK =1;                 //关闭蜂鸣器
}
void T0_INT() interrupt 1   //定时器 0 中断程序,控制报警器声音
{
    TH0 = 0xfe;
    TL0 = FRQ;
    SPK = ~SPK;
}
void T1_INT() interrupt 3   //定时器 1 中断程序,控制 LED 旋转
{
    TH0 = -45000/256;
    TL0 = -45000%256;
    P2 = _crol_(P2,1);
}
```

4.4 仿真与实验结果

报警器与旋转灯 Proteus 仿真电路如图 4-3 所示。仿真运行后,按下开关 K,发光二极管三个一组,以顺时针方向依次点亮,蜂鸣器发出警报;再次按下开关 K 后发光二极管熄灭,警报器停止报警。

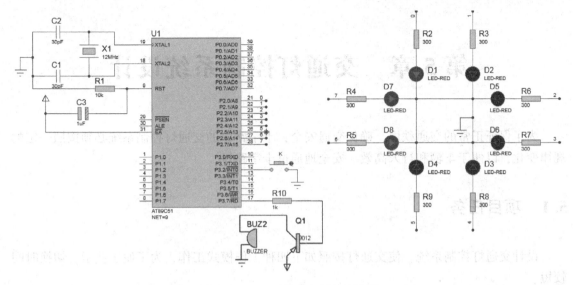

图 4-3 Proteus 仿真电路与结果图

按照图 4-2 准备好元器件,在多孔板上焊接好的报警器与旋转灯的实验电路与运行结果如图 4-4 所示,将 4.3 节程序下载到单片机中,操作与仿真一样,按下开关 K2 后,发光二极管三个一组,以顺时针方向依次点亮,蜂鸣器发出警报,再次按下开关 K2 后,二极管熄灭,警报器停止报警。

图 4-4 实验电路与运行结果图

说明:Proteus 仿真软件中单片机模块内部已经设置了晶振和复位电路模型,所以仿真时,单片机的外面可以不加晶振和复位电路,但实际电路设计时,单片机一定要加上晶振和复位电路。

习 题

编程改变报警器声音和旋转灯旋转的频率。

第 5 章　交通灯控制系统设计

为了保证正常的交通秩序，确保交通安全，十字路口的交通灯控制系统必须按照一定的规律变化，以便于车辆和行人高效、安全地通过十字路口。

5.1　项目任务

设计交通灯控制系统，使交通灯按照如下四种工作模式工作，为了便于演示，切换时间较短。
1）模式 1：东西向绿灯与南北向红灯亮 5s；
2）模式 2：东西向绿灯灭，黄灯闪烁 5 次；
3）模式 3：东西向红灯与南北向绿灯亮 5s；
4）模式 4：南北向绿灯灭，黄灯闪烁 5 次。

5.2　硬件设计

交通灯系统总体结构如图 5-1 所示，在单片机最简应用系统基础上，在 P0 口接四个方向的三色 LED 灯，其中东西方向同一颜色的 LED 灯可用同一根口线控制，南北方向同一颜色的 LED 灯可用同一根口线控制。

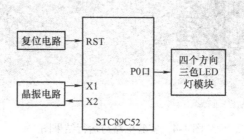

图 5-1　交通灯系统总体结构图

交通灯控制系统电路原理图如图 5-2 所示，P0 口通过外接上拉电阻接到 +5V，P0.0 ~ P0.2 分别接东西向的红、黄、绿灯，P0.3 ~ P0.5 分别接南北向的红、黄、绿灯，当 P0.0 ~ P0.6 中的某一口线输出高电平时，相应的灯发光。

第5章 交通灯控制系统设计

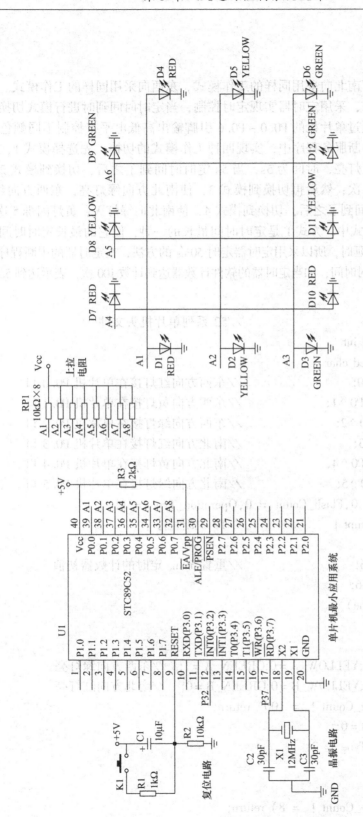

图5-2 交通灯控制系统电路原理图

5.3 程序设计

交通灯有四个方向，南北向采用同样的工作模式，东西向采用同样的工作模式。只要将交通灯的工作模式列出来，采用定时器实现定时控制，当定时时间到时进行模式切换，就可以实现交通灯的控制。通过单片机的 P0.0~P0.6 引脚输出高低电平来控制不同颜色发光二极管的亮灭。在定时器中断服务程序中，实现四种工作模式的切换，先选择模式 1，使东西方向绿灯亮，南北方向红灯亮，时间为 5s，当 5s 定时时间到了之后，切换到模式 2，使东西向绿灯灭，黄灯闪烁 5 次；然后再切换到模式 3，使南北方向绿灯亮，东西方向红灯亮，时间为 5s；当 5s 定时时间到了之后，切换到模式 4，使南北向绿灯灭，黄灯闪烁 5 次。

定时器的四种定时方式中，方式 1 是定时时间最长的一种，但它的最长定时时间也只为 65.536ms，无法达到 5s 的延时，所以采用定时器定时 50ms 的方法，在定时器的中断程序中采用软件计数的方法来加长定时时间，如当定时器的软件计数器达到计数 100 次，表示达到 5s 定时。

程序如下：

```
#include <reg52.h>              //52 系列单片机头文件
#define uint unsigned int
#define uchar unsigned char
sbit RED_A = P0^0;              //东西方向红灯接在单片机 P0.0 口
sbit YELLOW_A = P0^1;           //东西方向黄灯接在单片机 P0.1 口
sbit GREEN_A = P0^2;            //东西方向绿灯接在单片机 P0.2 口
sbit RED_B = P0^3;              //南北方向红灯接在单片机 P0.3 口
sbit YELLOW_B = P0^4;           //南北方向黄灯接在单片机 P0.4 口
sbit GREEN_B = P0^5;            //南北方向绿灯接在单片机 P0.5 口
uchar Time_Count = 0,Flash_Count = 0,Operation_Type = 1;
void T0_INT() interrupt 1       //T0 中断程序
{
    TH0 = -50000/256;           //重置 50ms 定时的计数器初值
    TL0 = -50000%256;
    switch(Operation_Type)
    {
        case 1:
            RED_A =0;YELLOW_A =0;GREEN_A =1;   //东西方向绿灯亮
            RED_B =1;YELLOW_B =0;GREEN_B =0;   //南北方向红灯亮
            if( ++Time_Count != 100) return;
            Time_Count =0;
            Operation_Type = 2;
            break;
        case 2:
            if( ++Time_Count != 8) return;
            Time_Count =0;
```

```c
            YELLOW_A = ! YELLOW_A;              //黄灯闪烁
            GREEN_A = 0;
            if( ++Flash_Count ! = 10) return;
            Flash_Count = 0;
            Operation_Type = 3;
            break;
        case 3:
            RED_A = 1;YELLOW_A = 0;GREEN_A = 0;  //南北方向绿灯亮
            RED_B = 0;YELLOW_B = 0;GREEN_B = 1;  //东西方向红灯亮
            if( ++Time_Count ! = 100) return;
            Time_Count = 0;
            Operation_Type = 4;
            break;
        case 4:
            if( ++Time_Count ! = 8) return;
            Time_Count = 0;
            YELLOW_B = ! YELLOW_B;              //黄灯闪烁
            GREEN_B = 0;
            if( ++Flash_Count ! = 10) return;
            Flash_Count = 0;
            Operation_Type = 1;
            break;
    }
}
//------------------------------------------
//主程序
//------------------------------------------
void main()
{
    TH0 = -50000/256;           //设置50ms定时的计数器初值
    TL0 = -50000%256;
    TMOD = 0x01;                //设置T0为定时器模式,工作在方式1
    IE = 0x82;                  //开总中断,允许T0中断
    TR0 = 1;                    //定时器0开始运行
    while(1);
}
```

5.4 仿真与实验结果

用 Proteus 仿真软件对交通灯控制系统进行仿真,仿真电路与结果如图 5-3 所示,结果表明此仿真系统可以模仿真实的交通灯控制系统。

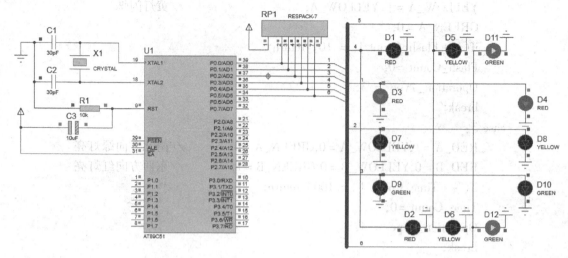

图 5-3 交通灯控制系统 Proteus 仿真电路与实验结果

在单片机最简应用系统的基础上,在 P0 口焊上交通灯模块,再焊上上拉电阻,得到交通灯系统的实物作品,将 5.4 节程序下载到实物作品单片机中,得到交通灯控制系统的实验结果,如图 5-4~图 5-6 所示。

图 5-4 东西方向绿灯与南北方向红灯亮 5s

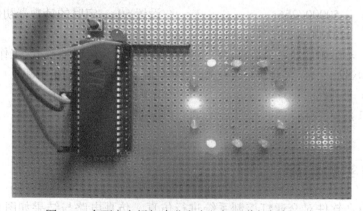

图 5-5 东西方向绿灯南北方向红灯灭黄灯闪烁 5 次

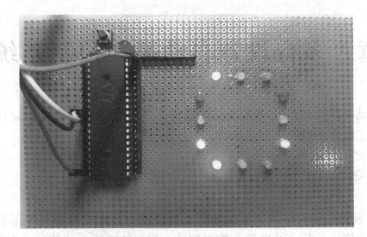

图 5-6 东西方向红灯南北方向绿灯亮 5s

习 题

1. 编程改变交通灯控制系统中红灯和绿灯点亮时间的长短。
2. 在硬件电路中加上数码管,设计出电路和程序,实现交通灯熄灭倒计时的提示。

第6章 多台设备自动循环控制系统设计

多台设备自动循环控制系统用发光二极管模拟工厂里的机器设备，通过编程控制单片机，让这些发光二极管按照要求发光运行。

6.1 项目任务

用8只LED发光二极管模拟工业现场的8台设备，发光二极管亮表示设备运行，发光二极管暗表示设备停止运行。设置两个控制按键，根据按键输入的信号，用单片机控制8台设备工作在如下模式：

1）没有按键按下时，8台设备全部运行；

2）按键1按下时，8只发光二极管以0、1、2、3、4、5、6、7、5、3、1、7、5、3、1、7为一个过程开始循环运行；

3）按键2按下时，8台设备中的4~7号设备运行，0~3号设备停止运行；

4）当只有单台设备运行时，用一只8段LED数码管同步显示正在运行的设备编号，当多台设备同时运行时，数码管显示运行的设备台套数。

6.2 硬件设计

系统总体结构图如图6-1所示，在单片机最小应用系统的基础上，需要用一个8位并行口接8个发光二极管，另需用一个8位并行口接一个8段LED数码管的段选；按键1作为普通的开关信号输入，采用查询方式完成按键1的功能；按键2接在外部中断1的输入端，采用中断方式完成按键2的功能。

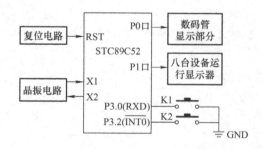

图6-1 多台设备自动控制系统结构框图

电路原理图如6-2所示，用P1口控制8只发光二极管，选用限流电阻来限制流过发光二极管的电流，限流电阻阻值为300Ω。用P0口接一个共阴极8段LED数码管的段选，P0口需外接上拉电阻。按键K1接P3.0引脚，K2接P3.2引脚。

第 6 章 多台设备自动循环控制系统设计

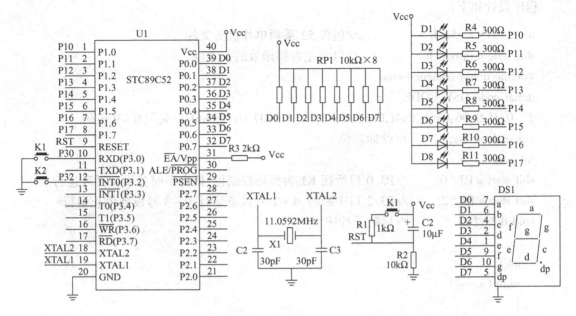

图 6-2 多台设备自动循环控制系统电路原理图

6.3 程序设计

程序包括主程序与中断程序。主程序用于变量及其他部件的初始化，进行相应的按键判断，实现按键的功能。主程序的流程图如图 6-3 所示，中断子程序如图 6-4 所示。

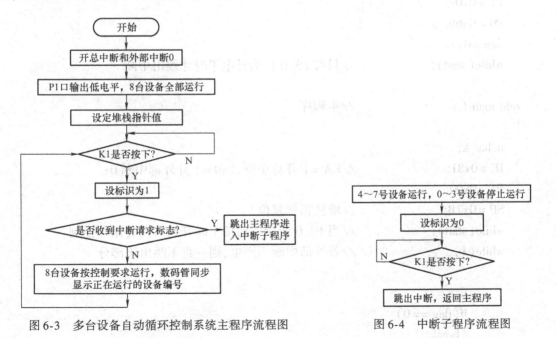

图 6-3 多台设备自动循环控制系统主程序流程图　　　图 6-4 中断子程序流程图

程序设计如下：

```c
#include <reg52.h>              //包含52系列单片机头文件
#include <intrins.h>            //包含左右移函数的头文件
#define uchar unsigned char
uchar code DSY_CODE[ ] =
{ 0x3f,0x06,0x5b,0x4f,0x66,0x6d,0x7d,0x07,0x7f,0x6f //共阴0~9段码  };
uchar data flag;                //设标志位
int i,x;
sbit start = P3^0;              //P3.0口所接K1为循环控制位,低电平时各设备循环运行
sbit stop = P3^2;               //P3.2口中断时,4~7号设备运行,0~3号设备停止运行
void delay(x)                   //延时子程序
{
    int t;
    while(x--)
    {
        for(t=120;t>0;t--)
        if(flag==0) break;      //主程序运行过程中当产生中断时跳出延时子程序
    }
}
int0( ) interrupt 0             //外部中断0
{
    P1 = 0x0f;
    P0 = 0x66;
    flag = 0;
    while(start);               //只有P3.0口为低电平时才跳出中断
}
void main( )                    //主程序
{
    uchar k;
    IE = 0x81;                  //EA=1开总中断;Ex0=1开外部中断0;
    P1 = 0x00;
    SP = 0x7B;                  //堆栈指针复位
    while(start);               //当P3.0所接按钮按下时开始对设备循环控制
    while(1)                    //若外部中断不产生,则一直不跳出该部分
    {
        flag = 1;
        if(flag==0)
        {break;}
        P1 = 0x7f;
```

```c
    for(i = 8; i > 0; i--)
    {
        P1 = _crol_(P1, 1);    //左移函数
        k = P1;
        switch(k)              //数码管显示正在运行的设备编号
        {
            case 0xfe: P0 = 0x3f; break;    //D1 亮
            case 0xfd: P0 = 0x06; break;    //D2 亮
            case 0xfb: P0 = 0x5b; break;    //D3 亮
            case 0xf7: P0 = 0x4f; break;    //D4 亮
            case 0xef: P0 = 0x66; break;    //D5 亮
            case 0xdf: P0 = 0x6d; break;    //D6 亮
            case 0xbf: P0 = 0x7d; break;    //D7 亮
            default:   P0 = 0x07; break;
        }
        delay(500);
    }
    for(i = 8; i > 0; i--)
    {
        P1 = _cror_(P1, 2);
        k = P1;
        switch(k)
        {
            case 0xfe: P0 = 0x3f; break;    //D1 亮
            case 0xfd: P0 = 0x06; break;    //D2 亮
            case 0xfb: P0 = 0x5b; break;    //D3 亮
            case 0xf7: P0 = 0x4f; break;    //D4 亮
            case 0xef: P0 = 0x66; break;    //D5 亮
            case 0xdf: P0 = 0x6d; break;    //D6 亮
            case 0xbf: P0 = 0x7d; break;    //D7 亮
            default:   P0 = 0x07; break;
        }
        delay(500);
    }
}
```

6.4 仿真与实验结果

多台设备自动循环控制系统 Proteus 仿真电路与结果如图 6-5 所示，可以完成 6.1 项目任务的要求。

用 Proteus 仿真成功后，制作了多台设备自动循环控制系统多孔板实物，如图 6-6 所示，

通电后，根据按键输入的信号，用单片机控制 8 台设备工作在项目任务设置的模式，发光二极管点亮，数码管显示相应的数字，图 6-6 是第 7 台设备运行时的多孔板实验结果。

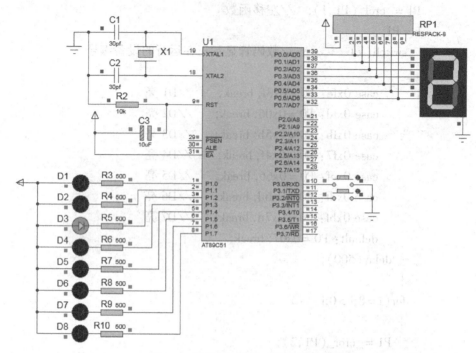

图 6-5　按下 K1 按键时的仿真结果

图 6-6　多孔板实验结果

习　题

编程改变设备的循环运行模式。

第 7 章　顺序控制系统设计

顺序控制是一种按时间或逻辑顺序进行控制的开环控制方式，它可按照预先规定的顺序进行检查、判断与控制。

7.1　项目任务

以继电器负载来模拟工业现场的负载，利用 STC89C52 单片机控制 4 个 5V 继电器，模拟工业过程中的顺序控制，控制 4 个继电器按一定的时间顺序开通与关断，同时发光二极管也随之点亮或熄灭。

7.2　硬件设计

顺序控制系统由单片机最简应用系统、继电器控制模块、LED 显示模块、停止按键四部分组成，其结构框图如图 7-1 所示。

顺序控制系统的电路原理图如图 7-2 所示，继电器模块由 4 个 S9012 晶体管和 4 个 5V 继电器构成，单片机 P1.0～P1.3

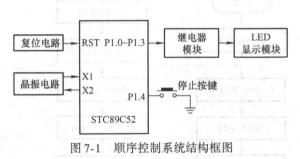

图 7-1　顺序控制系统结构框图

接 4 个晶体管的基级，基极电流经过晶体管被放大后，流入继电器的电流线圈，使继电器的

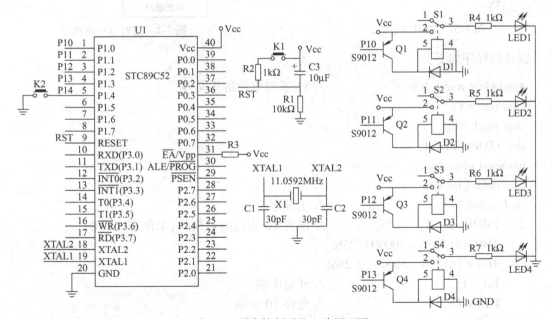

图 7-2　顺序控制系统电路原理图

常开触点闭合,发光二极管 LED1～LED4 阳极接 +5V 电源 Vcc,发光二极管被点亮。在发光二极管前面串联了一个 1kΩ 的限流电阻,防止电流过大击穿二极管。

7.3 程序设计

顺序控制系统的程序包括主程序和定时中断服务程序,主程序流程如图 7-3 所示,用于变量及元件的初始化。首先对定时器进行初始化,开定时器中断,然后进入大循环,每隔 1s 使继电器常开触点按主程序设定好的顺序依次闭合,发光二极管被依次点亮。

定时器 0 中断程序的流程如图 7-4 所示。定时器每 50ms 中断 1 次,中断 20 次达到 1s。在定时器 0 中断程序中,首先重新设置计数初值,然后检查停止按键是否按下,如果按下,则停止定时器运行,同时停止继电器运行;如果停止键未按下,则将中断次数加 1,同时检查中断是否到 20 次,未到 20 次,直接中断返回,到 20 次则置 1s 到标志后再中断返回,继续执行主程序。

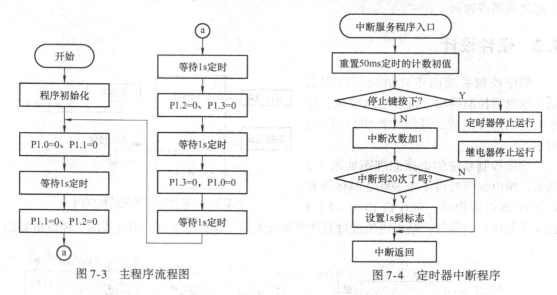

图 7-3 主程序流程图　　　图 7-4 定时器中断程序

设计的程序如下:

```c
#include <reg52.h>                //52系列单片机头文件
char flag = 1;
char flag1 = 0;
sbit STOP = P1^4;
unsigned char count;
void delay(int k);
void main()                       //主程序
{   TMOD = 0x01;                  //设置 T0 为定时器模式,工作在方式 0
    TH0 = (65536 - 50000)/256;
    TL0 = (65536 - 50000)%256;
    EA = 1;                       //开总中断
    ET0 = 1;                      //允许 T0 中断
    while(1)
```

```c
        {
    if(flag == 1)
        TR0 = 1;
    while(flag);
        flag = 1;
        P1 = 0xfc;              //P1.0、P1.1 工作
    while(flag);
        flag = 1;
        P1 = 0xf9;              //P1.1、P1.2 工作
    while(flag);
        flag = 1;
        P1 = 0xf3;              //P1.2、P1.3 工作
    while(flag);
        flag = 1;
        P1 = 0xf6;              //P1.0、P1.3 工作
        }
}
void delay(int k)              //延时子程序
{
    int i;
    for(i = 0;i < k;i ++);
}
void timer0( ) interrupt 1     //定时器0 中断服务程序
{
    TH0 = (65536 - 50000)/256; //重新设置定时器初值
    TL0 = (65536 - 50000)%256;
    count ++;                  //中断次数加1
        if(STOP == 0)
        delay(10);
        if(STOP == 0)
        flag1 = 1;
        while(flag1)
        {
        TR0 = 0;flag = 0;
        }
    if(count == 20)
        {
        count = 0;             //计时1s
        flag = 0;
        }
}
```

7.4 仿真与实验结果

顺序控制系统的 Proteus 仿真电路与结果如图 7-5 所示,随着 4 个继电器按一定时间顺序的开通与关断,发光二极管也随之点亮与熄灭。

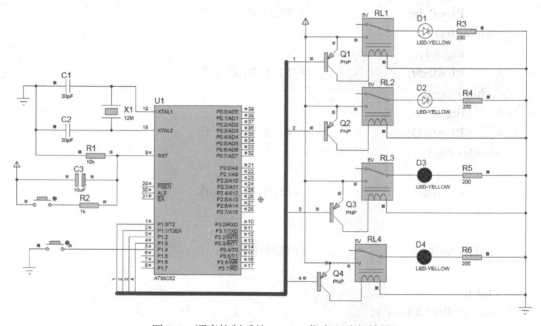

图 7-5　顺序控制系统 Proteus 仿真电路与结果

用 Proteus 仿真成功后,按照图 7-2 制作了顺序控制系统多孔板实物,将程序烧写到 STC89C52 中并进行调试。通电后,随着 4 个继电器的开通或关断,发光二极管也随着点亮或熄灭,实验结果如图 7-6 所示。

图 7-6　顺序控制系统多孔板实物图

习　题

图 7-2 中,D1~D4 的作用是什么?为什么图 7-5 中可以不加 D1~D4?

第 3 篇　片外扩展设计篇

第 8 章　八路抢答器设计

抢答器是政府机关、金融单位、广播电视系统或企事业单位等部门举办竞赛问答、各种知识测试与娱乐活动中一种常用的设备，它能准确、公正、直观地判断出抢答者。

能够实现抢答器功能的方式有多种，可以采用模拟电路、数字电路或模/数混合电路，这类抢答器，线路复杂，功能也比较简单，特别是当抢答路数很多时，实现起来较为困难。随着单片机技术的发展，以单片机为控制核心的抢答器具有体积小、控制灵活与价格便宜等许多优点，成为抢答器的主流产品。

8.1　项目任务

设计以单片机为控制核心、具有八路抢答功能，可通过数码管来显示抢答选手编号的抢答器，抢答器要求具有主持人按键复位和系统上电复位功能。

8.2　硬件设计

以 STC89C52RC 单片机为控制核心的抢答器结构框图如图 8-1 所示，包括四个部分：STC89C52 单片机最简应用系统、按键输入模块、数码管显示模块与报警模块。

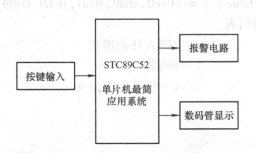

图 8-1　八路抢答器系统结构框图

八路抢答器的电路原理图如图 8-2 所示。按键输入模块接在 P1 口,共阳极数码管模块通过限流电阻接在 P2 口,报警模块接在 P3.7 口,主持人复位按键接在 P3.0 口。

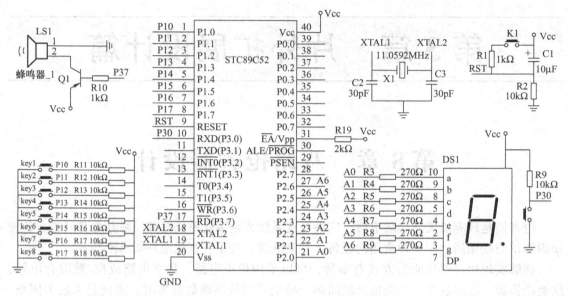

图 8-2　基于单片机的八路抢答器电路原理图

8.3　程序设计

抢答器程序包括主程序、主持人开始按键扫描子程序、抢答选手按键扫描子程序、显示子程序与定时器中断子程序,主要程序流程如图 8-3 所示。主程序完成定时器初始化、开中断、调用主持人开始按键扫描子程序、抢答选手按键扫描子程序与显示子程序,判断是哪路选手抢答并显示。

设计的程序如下:

```
#include <reg52.h>
#define uint unsigned int
#define uchar unsigned char
unsigned char code table[ ] = {0xc0,0xf9,0xa4,0xb0,0x99,0x92,0x82,0xf8,0x80,0x90};//共阳极数码管段码表
sbit start  = P3^0;       //主持人开始按钮
sbit buzzer = P3^7;       //蜂鸣器
sbit key1   = P1^0;       //八个抢答按键定义
sbit key2   = P1^1;
sbit key3   = P1^2;
sbit key4   = P1^3;
sbit key5   = P1^4;
sbit key6   = P1^5;
```

第 8 章 八路抢答器设计

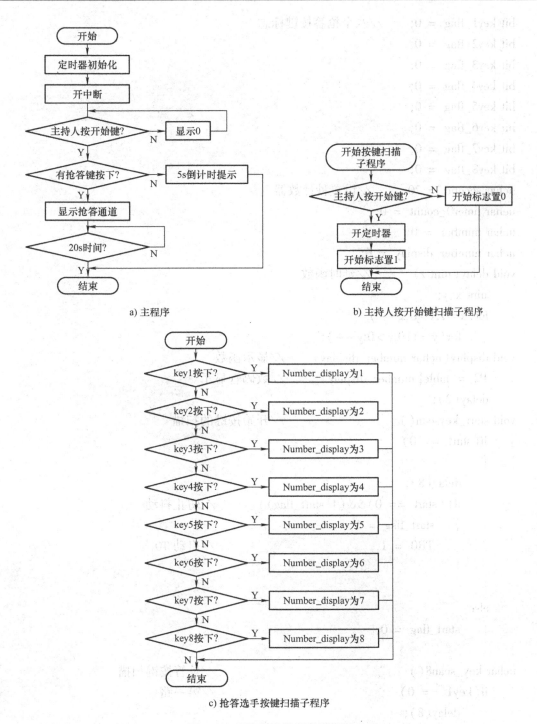

图 8-3 八路抢答器程序流程图

```
sbit key7 = P1 ^ 6;
sbit key8 = P1 ^ 7;
bit start_flag = 0;      //开始标志
```

```c
bit key1_flag = 0;        //八个抢答按键标志
bit key2_flag = 0;
bit key3_flag = 0;
bit key4_flag = 0;
bit key5_flag = 0;
bit key6_flag = 0;
bit key7_flag = 0;
bit key8_flag = 0;
uchar second = 20;        //设置秒计数器
uchar timer0_count = 0;
uchar number = 0;
uchar number_display = 0;
void delay(uint z)        //延时函数
{   uint x,y;
    for(x = z;x > 0;x -- )
        for(y = 110;y > 0;y -- );}
void display(uchar number_display)    //显示函数
{   P2 = table[number_display];       //数码管显示
    delay(2);}
void start_keyscan()                  //开始按键的扫描
{   if(start == 0)
    {
        delay(8);
        if((start == 0)&&(! start_flag))   //防止抖动
        {   start_flag = 1;
            TR0 = 1;                       //启动 T0
        }
    }
    else
    {   start_flag = 0;}
}
uchar key_scan8()                          //抢答按键扫描
{   if(key1 == 0)                          //第一路
    {   delay(8);
        if((key1 == 0)&&(! key1_flag))     //再次确认
        {   key1_flag = 1;
            number = 1;
            number_display = number;
        }
```

```
        else
        {   key1_flag = 0;
            number    = 0;
        }
        if(key2 == 0)                            //第二路
        {   delay(8);
            if((key2 == 0)&&(! key2_flag))       //再次确认
            {   key2_flag = 1;
                number    = 2;
                number_display = number;
            }
        }
        else
        {   key2_flag = 0;
            number    = 0;
        }
        if(key3 == 0)                            //第三路
        {   delay(8);
            if((key3 == 0)&&(! key3_flag))       //再次确认
            {   key3_flag = 1;
                number    = 3;
                number_display = number;
            }
        }
        else
        {   key3_flag = 0;
            number    = 0;
        }
        if(key4 == 0)                            //第四路
        {   delay(8);
            if((key4 == 0)&&(! key4_flag))       //再次确认
            {   key4_flag = 1;
                number    = 4;
                number_display = number;
            }
        }
        else
        {   key4_flag = 0;
```

```c
            number   = 0;
    }
    if(key5 == 0)                                    //第五路
    {   delay(8);
        if((key5 == 0)&&(! key5_flag))               //再次确认
        {   key5_flag = 1;
            number   = 5;
            number_display = number;
        }
    }
    else
    {   key5_flag = 0;
        number   = 0;
    }
    if(key6 == 0)                                    //第六路
    {   delay(8);
        if((key6 == 0)&&(! key6_flag))               //再次确认
        {   key6_flag = 1;
            number   = 6;
            number_display = number;
        }
    }
    else
    {   key6_flag = 0;
        number   = 0;
    }
    if(key7 == 0)                                    //第七路
    {   delay(8);
        if((key7 == 0)&&(! key7_flag))               //再次确认
        {   key7_flag = 1;
            number   = 7;
            number_display = number;
        }
    }
    else
    {   key7_flag = 0;
        number   = 0;
    }
    if(key8 == 0)                                    //第八路
```

```
    {   delay(8);
        if((key8 == 0)&&(!key8_flag))      //再次确认
        {
            key8_flag = 1;
            number    = 8;
            number_display = number;
        }
    }
    else
    {   key8_flag = 0;
        number    = 0;
    }
    if(number_display != 0)
    {   return 1;}
    else
    {   return 0;}
}

void fengming()                             //蜂鸣器
{   buzzer = 0;                             //关蜂鸣器
    delay(100);
    buzzer = 1;                             //开蜂鸣器
    delay(100);
}


void main()                                 //主函数
{   TMOD = 0x01;                            //工作方式1
    TH0 = (65536 - 50000)/256;              //设定50ms
    TL0 = (65536 - 50000)%256;
    EA = 1;                                 //开总中断
    ET0 = 1;
    TR0 = 0;
    start_keyscan();                        //键盘扫描程序
    while(start_flag ==1)
    {   if(second <= 5&&second > 0)
            fengming();                     //蜂鸣器工作
        while(!key_scan8()&&!start_flag ==0)
        {   display(number_display);
```

```
            if( second  ==  0)
            {   second  =  20;
                 break;
            }
        }
        TR0  =  0;
        display( number_display);
        break;
    }
    display( number_display);
    }
}
void timer0( )  interrupt 1                          //中断
{   TH0 = (65536 - 50000)/256;
    TL0 = (65536 - 50000)%256;
    timer0_count  ++;
    if( timer0_count  ==  20)                         //计时 1s
    {   timer0_count  =  0;
        second  --;
            if( second < =5&&second >0)
                fengming( );                          //蜂鸣器工作
        if( second  ==  0)
        {   TR0  =  0;
            number_display  =  0;
        }
    }
}
```

8.4　仿真与实验结果

　　八路抢答器 Proteus 仿真电路与结果如图 8-4 所示。主持人按下开始键后，八位选手可按 key1 ~ key8 键进行抢答，显示器显示出抢答选手的编号，最先按下的先显示，后按下的不显示。主持人重新按开始键后，可以开始下一轮抢答。开始抢答后，key3 按下时的仿真结果如图 8-4 所示，说明八路抢答器系统可以模仿真实的八路抢答器系统。

　　根据图 8-2 制作的八路抢答器系统多孔板实物如图 8-5 所示，将程序烧写到 STC89C52 单片机中，抢答器运行正常，通电后主持人按下开始键后，按 key1 ~ key8 键，可以实现抢答，图 8-5 是 4 号选手按下抢答键后的显示结果。

第 8 章 八路抢答器设计

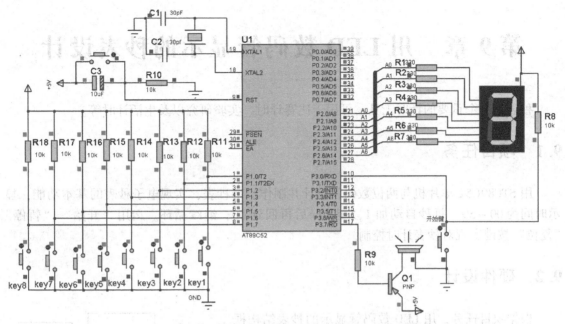

图 8-4 基于单片机的八路抢答器 Proteus 仿真电路

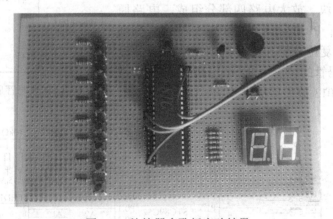

图 8-5 抢答器多孔板实验结果

第 9 章 用 LED 数码管显示的秒表设计

秒表是一个重要的计时工具,可用于比赛计时、实验研究以及生活计时等。

9.1 项目任务

用 STC89C52 单片机与两位数码管设计并制作一个秒表,实现电子秒表的基本功能,显示时间为 00~59,每秒自动加 1,至 59s 后再回到 00,继续循环。运用"开始""暂停""复位"按键实现对秒表计时控制。

9.2 硬件设计

根据项目任务,用 LED 数码管显示的秒表结构框图如图 9-1 所示,由单片机最简应用系统、按键模块、LED 数码管显示模块、放大电路四部分组成。电路原理图如图 9-2 所示,P1.0~P1.3 接了三个按键,分别表示开始、停止和复位按键;两位共阳极数码管的段码接在 P0 口,数码管的位选由 P2.6 与 P2.7 输出信号经过 NPN 晶体管 9013 放大后提供。

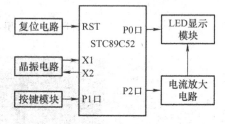

图 9-1 LED 数码管显示的秒表结构框图

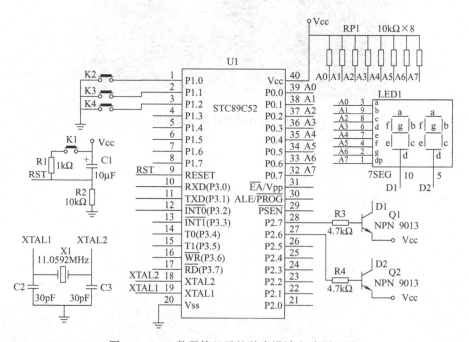

图 9-2 LED 数码管显示的秒表设计电路原理图

9.3 程序设计

软件包括主程序、显示子程序与定时器中断子程序。主程序与定时器中断服务子程序流程图分别如图 9-3 与图 9-4 所示,主程序首先进行系统初始化、开定时器,当 1s 定时时间到,1s 标志位清零,秒加 1,当秒加到 60s 时,秒计数器清零,检测到按下停止键,结束秒表工作。定时器中断服务子程序完成计数器重置初值与 50ms 中断次数加 1 的工作。

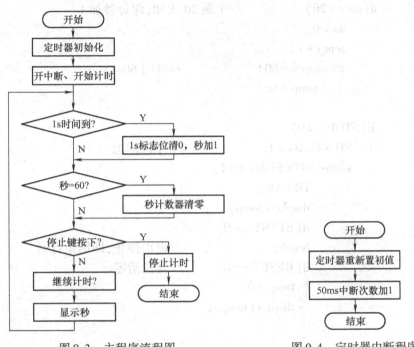

图 9-3 主程序流程图　　　　图 9-4 定时器中断程序

程序如下:

```
#include <reg52.h>              //52 单片机系列头文件
#define uchar unsigned char     //宏定义
#define uint unsigned int
sbit START = P1^0;              //开始
sbit STOP = P1^1;               //停止
sbit RESET = P1^2;              //复位
sbit dp = P0^7;                 //数码管小数点
sbit w1 = P2^6;                 //个位位选信号
sbit w2 = P2^7;                 //十位位选信号
uchar aa,temp,STOPFLAG,STARTFLAG,miaoshi,miaoge;
uchar code table[] = {0xc0,0xf9,0xa4,0xb0,0x99,0x92,0x82,0xf8,0x80,0x90};
//共阳极段码表
void display(uchar temp);       //申明显示函数
void delay(uint z);             //申明延时函数
```

```c
void init();                        //申明初始化函数
void main()                         //主函数
{   init();
    temp = 0;
    if(START == 0)
    STARTFLAG = 1;                  //开始标志
    while(STARTFLAG == 1)
    {   if(aa == 20)                //中断20次加,即每秒加1
        {   aa = 0;
            temp ++;
            if(temp == 60)          //计时60s
            {   temp = 0; }
        }
        if(STOP == 0)
        {   STOPFLAG = 1;           //停止标志
            while(STOPFLAG == 1)
            {   TR0 = 0;
                display(temp);
                if(START == 0)
                break;              //退出停止,即结束计时
                if(RESET == 0)      //复位清零
                {   temp = 0;
                    display(temp);
                }
            }
        }
        if(STOP! = 0)               //继续计时判断
        {   TR0 = 1;
            STOPFLAG = 0;
        }
        display(temp);
    }
}
void delay(uint z)                  //延时函数
{   uchar x, y;
    for(x = z; x > 0; x --)
    for(y = 110; y > 0; y --);
}
void display(uchar temp)            //秒显示
{   miaoshi = temp/10;              //十位
    miaoge = temp%10;               //个位
```

```
    w1 = 1;                              //开个位位选
    P0 = table[miaoshi];
    delay(2);
    w1 = 0;                              //关个位位选
    w2 = 1;                              //开十位位选
    P0 = table[miaoge];
    delay(2);
    w2 = 0;                              //关十位位选
}
void init()                              //定时器初始化
{   TMOD = 0x01;                         //定时器工作方式1
    TH0 = (65536 - 50000)/256;
    TL0 = (65536 - 50000)%256;
    EA = 1;                              //开总中断
    ET0 = 1;
    TR0 = 1; }
void timer0() interrupt 1                //定时器T0中断服务子程序
{   TH0 = (65536 - 50000)/256;
    TL0 = (65536 - 50000)%256;
    aa ++; }
```

9.4 仿真与实验结果

LED 数码管显示的秒表 Proteus 仿真电路与结果如图 9-5 所示，按 Start 键时秒表计时开始，按 Stop 键时秒表计时结束，再按 RESET 键时，秒表显示器清零。

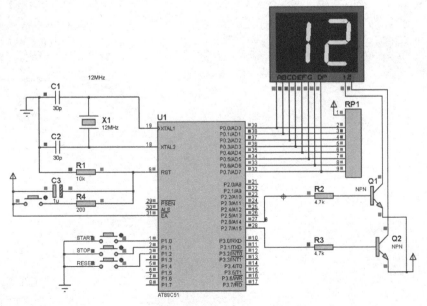

图 9-5　按下 Stop 键时的仿真结果

用 LED 数码管显示的秒表多孔板实物实验结果如图 9-6 所示,将程序烧写到单片机中去,通电后按下开始键、停止键、复位键,秒表工作情况和仿真结果一致,可以使秒表开始计时、停止计时与显示器清零。

图 9-6 用 LED 数码管显示的秒表多孔板实物实验结果

第10章 用LCD1602显示的秒表设计

10.1 项目任务

用STC89C52单片机与LCD1602液晶显示器设计并制作一个秒表，实现秒表的计时、暂停与清零等基本功能，每秒自动加1，至59s后再回到00，如此循环。运用"开始""暂停""复位"按键实现对秒表计时的控制。

10.2 硬件设计

用LCD1602显示的秒表结构框图如图10-1所示，由单片机最简应用系统、按键模块、LCD液晶显示模块、扬声器电路四部分组成。电路原理图如图10-2所示，液晶模块接在P0口，P0口经过上拉电阻接到+5V电源Vcc。

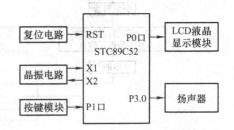

图10-1 用LCD1602显示的秒表结构框图

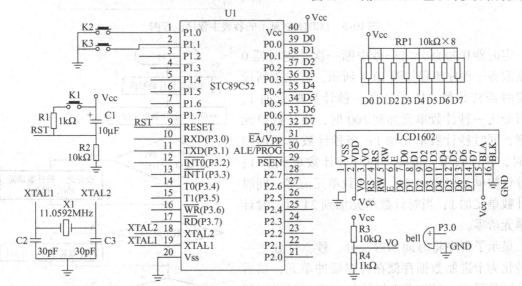

图10-2 用LCD1602显示的秒表电路原理图

10.3 程序设计

LCD1602显示的秒表程序包括主程序、定时器0中断服务子程序、显示程序、LCD1602初始化与读写时序配置子程序、扬声器发声提示子程序。

系统主程序流程如图10-3所示，主要用于变量、定时器与中断的初始化，然后根据按键 1 按下的次数决定相应操作,按键 1 第 1 次按下时开始计时、第 2 次按下时暂停计时、第 3 次按下时继续计时、第 4 次按下时停止计时。按键 2 按下时,清零计时,在按键功能判断后进行时间显示。

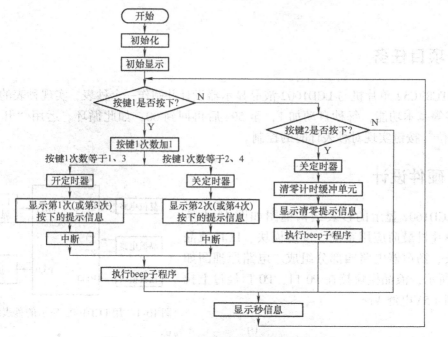

图 10-3　LCD1602 显示的秒表主程序流程图

定时器 0 每百分之一秒中断一次。定时器 0 中断服务子程序流程如图 10-4 所示,首先重新设置定时器初始值,使百分之一秒计数单元加 1、当百分之一秒计数单元加到 100 时,该计数单元清零,同时秒计数单元加 1;当秒计数单元加到 60 时,秒计数单元清零,同时分计数单元加 1;当分计数单元加到 60 时,分计数单元清零,同时时计数单元加 1;当时计数单元加到 24 时,时计数单元清零。

显示子程序将时间的时、分、秒、百分之一秒转化为十进制数据存储在计时缓冲单元,然后送往液晶显示。LCD1602 初始化与读写时序配置子程序采用单片机的 I/O 模拟 LCD1602 的操作时序,详细设计见参考文献[1]中 LCD1602 的介绍。

程序设计如下:

#include ＜reg52.h＞
//52 系列单片机头文件
#include ＜intrins.h＞

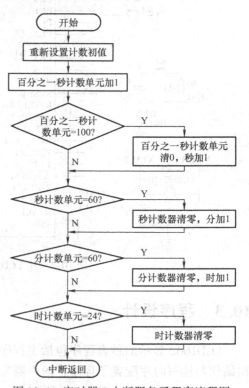

图 10-4　定时器 0 中断服务子程序流程图

```c
#define uchar unsigned char                //宏定义
#define unit unsigned int
#define delayNOP( )                        //延时函数
{_nop_( );_nop_( );_nop_( );_nop_( );}
//LCD 控制
void LCD_Initialize( );                    //LCD 初始化函数
void LCD_Set_POS(uchar);                   //LCD 设置显示起点
void LCD_Write_Data(uchar);                //LCD 写数据
void Display_String(uchar * ,uchar);       //显示函数
sbit K1 = P1 ^ 0;                          //定义按键
sbit K2 = P1 ^ 1;
sbit BEEP = P3 ^ 0;                        //将单片机 P3.0 接蜂鸣器
sbit LCD_RS = P2 ^ 0;                      //液晶数据/命令选择端接 P2.0
sbit LCD_RW = P2 ^ 1;                      //液晶读写选择端接 P2.1
sbit LCD_EN = P2 ^ 2;                      //液晶使能端接 P2.0
uchar KeyCount = 0;
uchar code msg1[ ] = {"Second Watch 0"};   //
uchar code msg2[ ] = {" >>>>           "};
uchar code Prompts[ ][16] =                //不同按键次数提示
{
    {"::1 ---->        "},
    {"::1 ----> ::2 "},
    {"::1 ->2 ::3 --> "},
    {"::1 ->2 ::3 -->4"}
};
uchar Time_Buffer[ ]       = {0,0,0,0};           //计时缓冲数组设置
uchar LCD_Display_Buffer[ ] = {"00:00:00:00"};    //显示缓冲数组设置

void Beep( )                               //蜂鸣器发声子程序
{
    uchar i,j = 70;
    for (i = 0;i < 180;i ++ )
    {
        while( -- j);BEEP = ~ BEEP;
    }
    BEEP = 0;
}
```

```c
void DelayX( unit ms)                    //延时
{   uchar i;
    while( ms -- ) for( i =0;i <120;i ++ );   }

void Show_Second( )                      //显示计时
{   uchar i;
    LCD_Set_POS(0x45);                   //设置 LCD 显示起点
    for( i =3;i! =0xff;i -- )
    {
        LCD_Display_Buffer[2*i+1] = Time_Buffer[i]/10 + '0';   //将百分秒、秒、分、时转
                                                                 换为十进制数
        LCD_Display_Buffer[2*i  ] = Time_Buffer[i]%10 + '0';
        LCD_Write_Data(LCD_Display_Buffer[2*i+1]);   //在 i =3,2,1,0 时分别显示时、
                                                       分、秒、百分秒
        LCD_Write_Data(LCD_Display_Buffer[2*i]);
        LCD_Write_Data(':');
    }
}
void Time0( ) interrupt 1 using 0        //Time0 中断
{
    TH0 = -10000/256;                    //重新设置百分秒的计数初值
    TL0 = -10000%256;
    Time_Buffer[0] ++ ;
    if( Time_Buffer[0] ==100)            //百分秒计到 100 时,秒计数单元加 1,百分秒计数单
                                           元清零
    {
        Time_Buffer[0] =0;
        Time_Buffer[1] ++ ;
    }
    if( Time_Buffer[1] ==60)             //秒计到 60 时,分计数单元加 1,秒计数单元清零
    {
        Time_Buffer[1] =0;
        Time_Buffer[2] ++ ;
    }
    if( Time_Buffer[2] ==60)             //分计到 60 时,时计数单元加 1,分计数单元清零
    {
        Time_Buffer[2] =0;
        Time_Buffer[3] ++ ;
```

```c
        }
        if(Time_Buffer[3]==24)      //时计到24时,时计数单元清零
            Time_Buffer[3]=0;
    }
    //主函数
    void main()
    {
        uchar i;
        IE = 0x82;
        TMOD = 0x01;                //定时器0设为工作方式1
        TH0 = -10000/256;           //设置百分秒的计数初值
        TL0 = -10000%256;
        LCD_Initialize();
        Display_String(msg1,0x00);  //设置初始显示状态
        Display_String(msg2,0x40);
        while(1)
        {
            if(K1==0)               //P1.0 所接按键K1按下,实现开始计时、暂停、重新计时
            {   DelayX(100);
                i = ++KeyCount;     //用i记录K1按下次数
                switch(i)
                {
                case 1:             //K1 第一次按下,定时器T0启动,秒表开始计时
                case 3:TR0 = 1;     //K1 第三次按下,秒表在停顿后重新开始计时
                    Display_String(Prompts[i-1],0);
                    break;
                case 2:             //K1 第二次按下,定时器T0停止,秒表停止计时
                case 4:TR0 = 0;     //K1 第四次按下,秒表再次停止计时
                    Display_String(Prompts[i-1],0);
                    break;
                default:TR0 = 0;
                    break;
                }
                while (K1==0);      //等待释放K1键
                Beep();             //蜂鸣器发声
            }
    else
            if(K2==0)               //P1.1 所接按键K2按下,计时清零
```

```c
        {
            TR0 = 0;
            KeyCount = 0;
            for( i = 0;i < 4;i ++ )
            Time_Buffer[ i ] = 0;         //清零计时缓冲
            Display_String( msg1 ,0 );
            Beep( );
            DelayX( 100 );
            while ( K2 ==0 ) ;            //等待释放 K2 键
        }
        Show_Second( );                   //显示秒表计时时间
    }
}

//1602LCD 初始化与读写时序配置函数
#include < reg51. h >
#include < intrins. h >
#define uchar unsigned char
#define uint unsigned int
#define DelayNOP( ) {_nop_( );_nop_( );_nop_( );_nop_( );}
bit LCD_Busy_Check( );
void LCD_Initialize( );
void LCD_Set_POS( uchar );
void LCD_Write_Command( uchar );
void LCD_Write_Data( uchar );
void DelayMS( uint ms )                   //延时
{   uchar t;
    while( ms -- ) for ( t =0;t < 120;t ++ );
}

//LCD 忙检查
bit LCD_Busy_Check( )
{
    bit Result;
    LCD_RS = 0;LCD_RW = 1;LCD_EN = 1;DelayNOP( );
    Result = ( bit )( P0&0x80 );
    LCD_EN = 0;
    return Result;
```

```c
                                        //向LCD写指令
void LCD_Write_Command(uchar cmd)
{
    while(LCD_Busy_Check());
    LCD_RS=0;LCD_RW=0;LCD_EN=0;
    _nop_();    _nop_();
    P0=cmd; DelayNOP();
    LCD_EN=1;DelayNOP();
    LCD_EN=0;
}
//向LCD写数据'
void LCD_Write_Data(uchar str)
{   while(LCD_Busy_Check());
    LCD_RS=1;LCD_RW=0;LCD_EN=0;P0=str;DelayNOP();
    LCD_EN=1;DelayNOP();LCD_EN=0;     }
//初始化LCD
void LCD_Initialize()
{
    DelayMS(5);LCD_Write_Command(0x38);
    DelayMS(5);LCD_Write_Command(0x0c);
    DelayMS(5);LCD_Write_Command(0x06);
    DelayMS(5);LCD_Write_Command(0x01);
    DelayMS(5);
}
//设置显示位置
void LCD_Set_POS(uchar Position)
{   LCD_Write_Command(Position|0x80);   }
//显示函数,在LCD指令行上显示字符串
void Display_String(uchar *str,uchar LineNo)
{   uchar k;
    LCD_Set_POS(LineNo);
    for(k=0;k<16;k++) LCD_Write_Data(str[k]);
}
```

10.4 仿真与实验结果

LCD1602显示的秒表Proteus仿真电路如图10-5所示。用Proteus软件对LCD1602显示的秒表进行仿真,按K1开始计数和暂停,K2清零,仿真结果如图10-5所示。

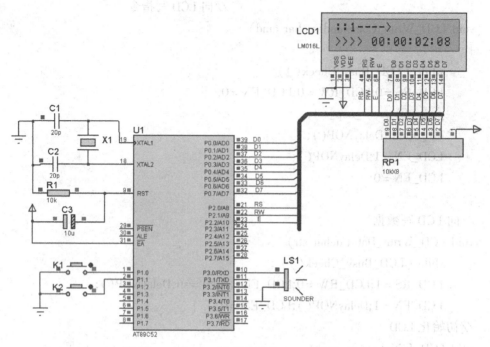

图 10-5　LCD1602 显示的秒表 Proteus 仿真电路

制作了 LCD1602 显示的秒表多孔板实物，通电后按 K1 控制开始计数与暂停，按 K2 清零计数，图 10-6 为实物实验结果。

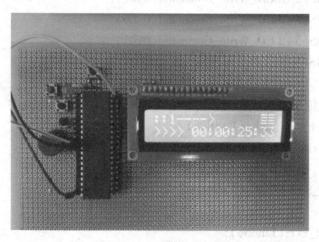

图 10-6　多孔板实验结果

第 11 章　可调式数码管电子钟设计

电子钟是一种以单片机为控制核心,实现时、分、秒显示的计时装置。与机械式时钟相比,电子钟具有更高的准确性和直观性,无机械装置,具有更长的使用寿命,因此得到了广泛的使用。

11.1　项目任务

用单片机和数码管设计可调式电子钟,采用 24h 制计时方式,要求能够稳定准确地计时,并能调整时间。电子钟显示格式为:时、分、秒各两位,中间有两位分隔符,格式为 xx-xx-xx,共 8 位。采用三个按键调整时间,具体任务如下:

1) 上电自动显示初始时间 12-00-00。
2) 实现时钟走时和显示时、分、秒。
3) 当第一次按下第一个按键时进入时间调节状态,实现对显示时间的分钟调节,按下第二个按键时实现分钟的加 1 调节,按下第三个按键时实现分钟的减 1 调节。
4) 当第二次按下第一个按键时进入显示时间的小时调节状态,按下第二个按键时实现小时的加 1 调节,按下第三个按键时实现小时的减 1 调节。
5) 当第三次按下第一个按键时数字钟恢复正常时间显示。

11.2　硬件设计

可调式数码管电子钟结构框图如图 11-1 所示,由单片机最简应用系统、按键模块、LED 数码管显示模块、驱动电路模块四部分组成。电子钟采用三个按键控制,按键模块接在 P1 口,由于需要 8 位数码管显示器,市场上无 8 位一体的数码管,所以采用两个四位共阴极数码管组合而成,8 位数码管的位选由 P2 口控制,段选由 P0 口控制,为了增加 8 位数码管的显示亮度,段选码采用 74LS245 芯片做驱动电路。

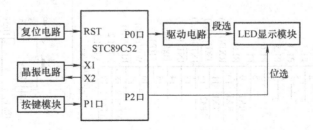

图 11-1　可调式数码管电子钟结构框图

可调式数码管电子钟电路原理图如图 11-2 所示。三个按键接在 P1.0~P1.3,K1 是时位与分位的选择键,K2 是加 1 键,K3 是减 1 键。

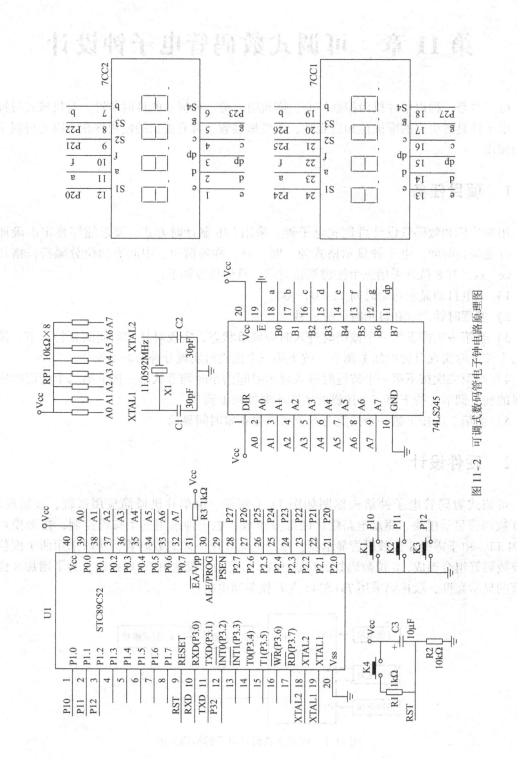

图 11-2 可调式数码管电子钟电路原理图

74LS245 是 8 路同相三态双向总线收发器，此处作为驱动芯片，用来增大 P0 口的驱动能力，驱动 8 位 LED 的段码，它的 19 号脚 $\overline{E}$ 是三态允许输出端，低电平时，可以实现数据传输；DIR 是方向控制端，DIR = "0" 时，信号由 B 传向 A，DIR = "1"，信号由 A 传向 B；当 $\overline{E}$ 为高电平时，A、B 均为高阻态。因为 P0 口本身无上拉电阻，所以要外接上拉电阻 RP1。

11.3 程序设计

可调式数码管电子钟程序包括按键扫描子程序、显示子程序、定时器 0 中断服务子程序与主程序，主程序流程是重复调用按键扫描子程序与显示子程序，显示子程序、按键扫描子程序、定时器 0 中断服务子程序的流程如图 11-3 所示。

本系统共用 8 个数码管，从右到左依次显示秒个位、秒十位、横线、分个位、分十位、横线、时个位和时十位，采用动态扫描方式显示，显示的十进制数据对应段码存放在 ROM 列表区中。

键盘扫描子程序根据按键按下的次数及标志位设置模式的不同，决定对分或时进行加减。

晶振选择 11.0592MHz，定时器 0 每 2ms 中断一次，中断 500 次为 1s。当中断 250 次时，即达到 0.5s 时，设置 sign 标志为 0，使得加/减的分或时显示器为暗，中断 500 次达到 1s 时，设置 sign 标志为 1，使得加/减的分或时显示器为亮，实现加/减的分或时显示器的闪烁。f_{osc} = 11.0592MHz 时，定时器 0 每 2ms 中断的计数初值为十六进制 f8cb，即十进制 63688，计数值为 (65536 - 63688) = 1848。

设计的程序如下：

```
#include <reg52.h>
#define uchar unsigned char
Seg[ ] = {0X3f,0X06,0X5b,
         0X4f,0X66,0X6d,
         0X7d,0X07,0X7f,
         0X6f,0x40,0x00};          //数码管显示 1~9 和—的段码
    unsigned char Com[ ] = {0x7f,0xbf,0xdf,
                0xef,0xf7,0xfb,0xfd,
                0xfe,0xff};        //数码管亮灭的数组
/* 定义全局变量 */
unsigned int counter;              //定义计数数据
unsigned char sign;                //定义闪烁标志位
unsigned char mode;                //定义模式
unsigned char second = 0,minute = 0,hour = 12;   //定义秒分时的初值
unsigned char ADD_bit = 0,DEC_bit = 0,flag = 0;  //加减标志位赋初值0
/* 定义按键 */
```

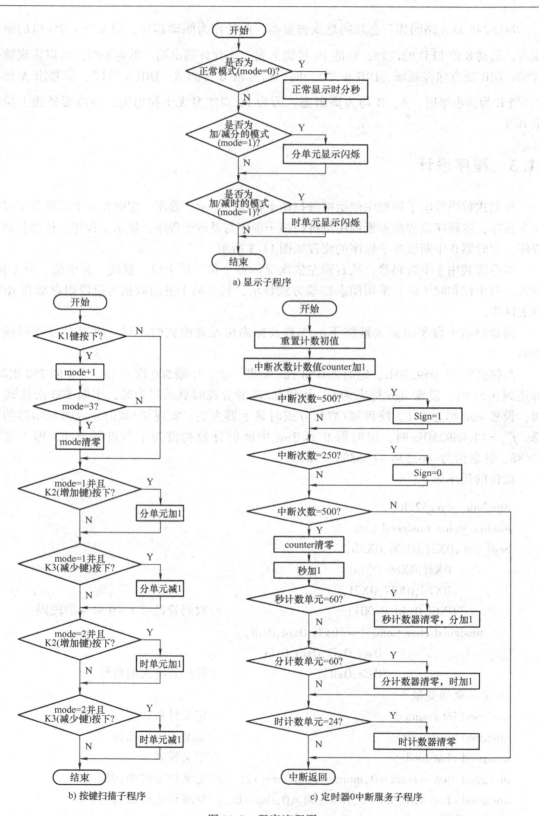

图 11-3　程序流程图

```c
sbit ms = P1^0;                    //按键P^0 调节模式变化
sbit ADD = P1^1;                   //按键P1^1 实现加一
sbit DEC = P1^2;                   //按键P1^2 实现减一
/* 延时函数 */
void delay(unsigned int t)
{   while(--t);   }
/* 数码管扫描 */
void Segplay()
{   /* 模式0  正常模式 */
    if(mode==0)
    {
        P0 = Seg[second%10]; P2 = Com[7]; delay(50); P2 = Com[8];
        P0 = Seg[second/10]; P2 = Com[6]; delay(50); P2 = Com[8];
        P0 = Seg[10];        P2 = Com[5]; delay(50); P2 = Com[8];
        P0 = Seg[minute%10]; P2 = Com[4]; delay(50); P2 = Com[8];
        P0 = Seg[minute/10]; P2 = Com[3]; delay(50); P2 = Com[8];
        P0 = Seg[10];        P2 = Com[2]; delay(50); P2 = Com[8];
        P0 = Seg[hour%10];   P2 = Com[1]; delay(50); P2 = Com[8];
        P0 = Seg[hour/10];   P2 = Com[0];; delay(50); P2 = Com[8];
    }
    /* 模式1  可加减分 */
    if(mode==1)
    {   if(sign==1)
        {   P0 = Seg[second%10]; P2 = Com[7];; delay(50); P2 = Com[8];
            P0 = Seg[second/10]; P2 = Com[6]; delay(50); P2 = Com[8];
            P0 = Seg[10];        P2 = Com[5]; delay(50); P2 = Com[8];
            P0 = Seg[minute%10]; P2 = Com[4]; delay(50); P2 = Com[8];
            P0 = Seg[minute/10]; P2 = Com[3]; delay(50); P2 = Com[8];
            P0 = Seg[10];        P2 = Com[2]; delay(50); P2 = Com[8];
            P0 = Seg[hour%10];   P2 = Com[1]; delay(50); P2 = Com[8];
            P0 = Seg[hour/10];   P2 = Com[0]; delay(50); P2 = Com[8];
        }
        if(sign==0)
        {   P0 = Seg[second%10]; P2 = Com[7]; delay(50); P2 = Com[8];
            P0 = Seg[second/10]; P2 = Com[6]; delay(50); P2 = Com[8];
            P0 = Seg[10];        P2 = Com[5]; delay(50); P2 = Com[8];
            P0 = Seg[11];        P2 = Com[4]; delay(50); P2 = Com[8];
            P0 = Seg[11];        P2 = Com[3]; delay(50); P2 = Com[8];
            P0 = Seg[10];        P2 = Com[2]; delay(50); P2 = Com[8];
```

```
            P0 = Seg[hour%10];    P2 = Com[1]; delay(50); P2 = Com[8];
            P0 = Seg[hour/10];    P2 = Com[0]; delay(50); P2 = Com[8];
        }
    }
    /* 模式2  可加减时 */
    if(mode == 2)
    {   if(sign == 1)
        {   P0 = Seg[second%10]; P2 = Com[7]; delay(50); P2 = Com[8];
            P0 = Seg[second/10]; P2 = Com[6]; delay(50); P2 = Com[8];
            P0 = Seg[10];        P2 = Com[5]; delay(50); P2 = Com[8];
            P0 = Seg[minute%10]; P2 = Com[4]; delay(50); P2 = Com[8];
            P0 = Seg[minute/10]; P2 = Com[3]; delay(50); P2 = Com[8];
            P0 = Seg[10];        P2 = Com[2]; delay(50); P2 = Com[8];
            P0 = Seg[hour%10];   P2 = Com[1]; delay(50); P2 = Com[8];
            P0 = Seg[hour/10];   P2 = Com[0]; delay(50); P2 = Com[8];
        }
        if(sign == 0)
        {   P0 = Seg[second%10]; P2 = Com[7]; delay(50); P2 = Com[8];
            P0 = Seg[second/10]; P2 = Com[6]; delay(50); P2 = Com[8];
            P0 = Seg[10];        P2 = Com[5]; delay(50); P2 = Com[8];
            P0 = Seg[minute%10]; P2 = Com[4]; delay(50); P2 = Com[8];
            P0 = Seg[minute/10]; P2 = Com[3]; delay(50); P2 = Com[8];
            P0 = Seg[10];        P2 = Com[2]; delay(50); P2 = Com[8];
            P0 = Seg[11];        P2 = Com[1];; delay(50);; P2 = Com[8];
            P0 = Seg[11];        P2 = Com[0]; delay(50); P2 = Com[8];
        }
    }
}
/* 按键扫描 */
void Keyget()
{   /* 通过标志位来控制模式 */
    if(ms == 0)
    {   flag = 1;   }
    if((ms)&&(flag))
    {   flag = 0;
        mode++;
        if(mode == 3)
            mode = 0;
    }
```

```c
if( mode ==1 )                    //模式1
{   /* 加按键 */
    if( ADD ==0 )
    {      ADD_bit =1;
    if( ( ADD ) && ( ADD_bit ) )
    {      ADD_bit =0;
        minute ++ ;
        if( minute ==60 )
        minute =0;
    }
    /* 减按键 */
    if( DEC ==0 )
    {      DEC_bit =1;         }
    if( ( DEC ) && ( DEC_bit ==1 ) )
    {      DEC_bit =0;
        if( minute ==0 )
        minute =59;
        minute -- ;
    }
}
if( mode ==2 )                    //模式2
{   if( ADD ==0 )
    {      ADD_bit =1;   }
    if( ( ADD ) && ( ADD_bit ) )
    {      ADD_bit =0;
        hour ++ ;
        if( hour ==24 )
        hour =0;
    }
    if( DEC ==0 )
    {      DEC_bit =1;   }
    if( ( DEC ) && ( DEC_bit ==1 ) )
    {      DEC_bit =0;
        if( hour ==0 )
        hour =24;
        hour -- ;
    }
}
}
```

```c
/* 初始化 */
void time0()
{   TMOD = 0x01;              //设置定时器模式1
    TH0 = 0xf8;               //高八位赋初值
    TL0 = 0xcb;               //低八位赋初值
    TR0 = 1;                  //启动定时器0计数
    ET0 = 1;                  //使能定时器中断
    EA = 1;                   //使能总中断
}
/* 主函数 */
void main()
{   time0();
    while(1)
    {   Keyget();
        Segplay();
    }
}
/* 中断 */
void timer0() interrupt 1
{   TH0 = 0xf8;               //高八位
    TL0 = 0xcb;               //低八位
    counter++;
    if(counter == 500)
    {   sign = 1;   }
    if(counter == 440)
    {   sign = 0;   }
    if(counter == 500)
    {   counter = 0;
        second++;
        if(second == 60)
        {   second = 0;
            minute++;
        }                     //秒进位
        if(minute == 60)
        {   minute = 0;
            hour++;
        }                     //分进位
        if(hour == 24)
        {   hour = 0;
```

11.4 仿真与实验结果

采用单片机控制的可调式数码管电子钟 Proteus 仿真电路与实验结果如图 11-4 所示。

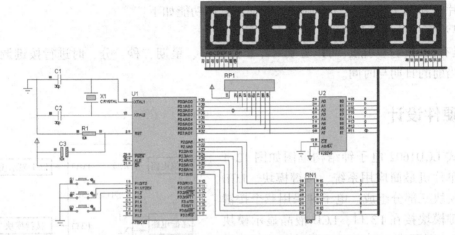

图 11-4 可调式电子钟 Proteus 仿真电路与结果

用 Proteus 仿真成功后,制作了可调式数码管电子钟多孔板实物,将烧写器的 RX 线与芯片上的 TXD 相连,TX 线与芯片上 RXD 相连后,程序即可烧写到 STC89C52 中去,实验结果如图 11-5 所示,可以实现项目任务所要求的功能。

图 11-5 可调式数码管电子钟实验结果

第 12 章 可调式 LCD1602 电子钟设计

12.1 项目任务

用单片机和 LCD1602 设计可调式电子钟,具体功能如下:

1)显示年、月、日和星期、时、分、秒。

2)具有按键调整功能,可以分别对年、月、日、星期、秒、分、时进行按键调整,使其调整到当前的日期与时间。

12.2 硬件设计

可调式 LCD1602 电子钟结构框图如图 12-1 所示,由单片机最简应用系统、按键模块、LCD 液晶显示模块三部分组成。电子钟采用三个按键控制,按键模块接在 P3 口,LCD 液晶显示模块接在 P0 口。可调式 LCD1602 电子钟电路原理图如图 12-2 所示。

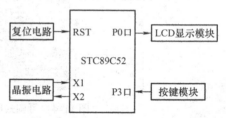

图 12-1 可调式电子钟显示系统结构图

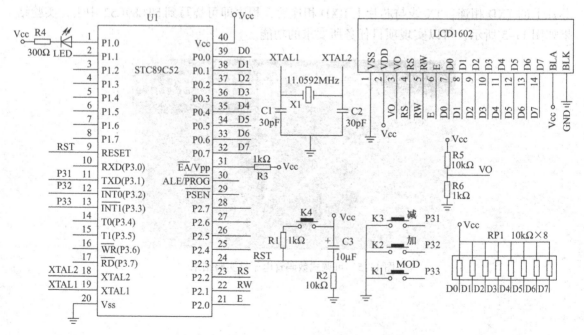

图 12-2 可调式 LCD1602 电子钟电路原理图

12.3 程序设计

可调式 LCD1602 电子钟的程序包括主程序、按键扫描子程序、显示子程序、定时器 0 中断服务子程序，初始化与 LCD1602 读写时序配置子程序。主程序重复调用按键扫描子程序，在按键扫描子程序中调用各种显示模式程序。

定时器 0 每 50ms 中断一次，中断 20 次为 1s，当 $f_{osc}=12\mathrm{MHz}$ 时，定时器 0 每 50ms 中断的计数初值为十六进制 3cb0。

液晶显示子程序中包括年、月、日显示，还包括星期显示及秒、分、时显示，关键是将要显示的变量在 LCD1602 显示器上的位置设置准确，它们显示的流程是相同的。

因为除了计时外，还要实现年、月、日、星期、秒、分、时的按键调整，所以按键子程序采用了多个分支判断，此处重点给出按键扫描子程序的流程，如图 12-3 所示，显示子程序、定时器 0 中断服务子程序与前几章的流程类似，不再赘述。

程序如下：

```c
#include <reg52.h>           //LCD1602数字钟、可调整时间和日期
#define uint unsigned int    //宏定义
#define uchar unsigned char
//lcd_data = P0              //P0口定义
//位定义
sbit lcdrs = P2^2;           //数据命令选择端(H/L)
sbit lcdrw = P2^1;           //读写选择端(H/L)
sbit lcden = P2^0;           //使能信号
sbit k1 = P3^3;//mod
sbit k2 = P3^2;// +
sbit k3 = P3^1;//-
sbit Led = P1^0;//led light
//函数声明
uchar i,t=0,k1num=0;         //t为中断次数计数,k1num为K1按下的次数
uint year=2016;//year 年
char h=00,m=00,s=00,w=5,month=01,day=01;//h 时,m 分,s 秒,w 星期,year 年,month 月,day 日
uchar code table1[] = {" 2016-01-01 FRI "};//初始日期
uchar code table2[] = {"    00:00:00    "};//初始时间
uchar code table3[] = {"smhwdmy "};//模式状态选择(秒s,分m,时h,周w,日d,月m,年y)
void delay(uchar z)          //延时 z ms
{
    uchar x,y;
    for(x=z;x>0;x--)
        for(y=110;y>0;y--);
}
```

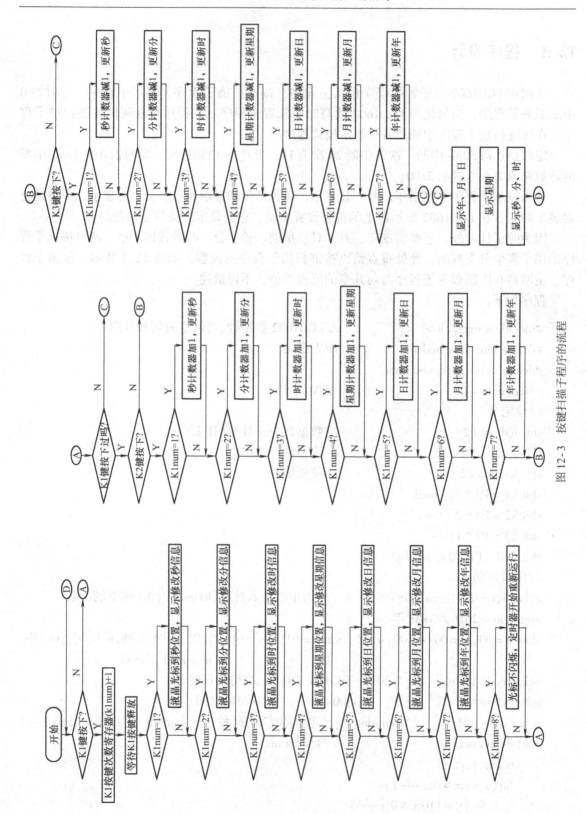

图 12-3 按键扫描子程序的流程

```c
void write_com(uchar com)           //写命令函数
{   lcdrs = 0;
    lcdrw = 0;                      //选择写命令模式/显示地址
    P0 = com;                       //将要写的命令字送入数据总线
    delay(10);                      //稍微延时以待数据稳定
    lcden = 1;                      //将使能端置给一个高脉冲
    delay(10);
    lcden = 0;                      //将使能端置0以完成高脉冲
}
void write_dat(uchar dat)           //LCD写数据
{   lcdrs = 1;
    lcdrw = 0;                      //写数据模式
    P0 = dat;
    delay(10);
    lcden = 1;
    delay(10);
    lcden = 0;
}
void Monday(void)                   //调用星期一子函数
{   write_com(0x80 + 12);           //数据指针移到显示星期一子函数的第一位
    write_dat('M');                 //写数据"M"
    write_com(0x80 + 13);
    write_dat('O');                 //写数据"O"
    write_com(0x80 + 14);
    write_dat('N');                 //写数据"N"
}
void Tuesday(void)                  //调用星期二子函数
{   write_com(0x80 + 12);           //数据指针移到显示星期一子函数的第一位
    write_dat('T');                 //写数据"T"
    write_com(0x80 + 13);
    write_dat('U');                 //写数据"U"
    write_com(0x80 + 14);
    write_dat('E');                 //写数据"E"
}
void Wednesday(void)                //调用星期二子函数
{   write_com(0x80 + 12);           //数据指针移到显示星期三子函数的第一位
    write_dat('W');                 //写数据"W"
    write_com(0x80 + 13);
    write_dat('E');                 //写数据"E"
```

```c
        write_com(0x80 + 14);
        write_dat('D');              //写数据"D"
}
void Thursday(void)                  //调用星期四子函数
{
        write_com(0x80 + 12);        //数据指针移到显示星期四子函数的第一位
        write_dat('T');              //写数据"T"
        write_com(0x80 + 13);
        write_dat('H');              //写数据"H"
        write_com(0x80 + 14);
        write_dat('U');              //写数据"U"
}
void Friday(void)                    //调用星期五子函数
{
        write_com(0x80 + 12);        //数据指针移到显示星期四子函数的第一位
        write_dat('F');              //写数据"F"
        write_com(0x80 + 13);
        write_dat('R');              //写数据"R"
        write_com(0x80 + 14);
        write_dat('I');              //写数据"I"
}
void Saturday(void)                  //调用星期六子函数
{
        write_com(0x80 + 12);        //数据指针移到显示星期四子函数的第一位
        write_dat('S');              //写数据"S"
        write_com(0x80 + 13);
        write_dat('A');              //写数据"A"
        write_com(0x80 + 14);
        write_dat('T');              //写数据"T"
}
void Sunday(void)                    //调用星期日子函数
{
        write_com(0x80 + 12);        //数据指针移到显示星期四子函数的第一位
        write_dat('S');              //写数据"S"
        write_com(0x80 + 13);
        write_dat('U');              //写数据"U"
        write_com(0x80 + 14);
        write_dat('N');              //写数据"N"
}
void display_week(uchar week)        //星期显示
{
        switch(week)
        {
        case 1:Monday();break;       //调用星期一函数
```

```
        case 2:Tuesday( );break;        //调用星期二函数
        case 3:Wednesday( );break;      //调用星期三函数
        case 4:Thursday( );break;       //调用星期四函数
        case 5:Friday( );break;         //调用星期五函数
        case 6:Saturday( );break;       //调用星期六函数
        case 7:Sunday( );break;         //调用星期七函数
        }
}
void init(void)                         //LCD 初始设置
{    lcden = 0;
     write_com(0x38);                   //设置 16x2 显示,5x7 点阵,8 位数据接口
     write_com(0x0c);
     write_com(0x06);                   //写一个字符后地址指针加 1
     write_com(0x01);                   //显示清零,数据指针清零
     write_com(0x80);                   //将数据指针第一行第一个字处
     TMOD = 0x01;                       //设置 T0 为定时器模式,工作在方式 1,为 16 位定时
                                        //  器/计数器
     ET0 = 1;                           //允许 T0 中断
     EA = 1;                            //开总中断
     TH0 = 0x3c;TL0 = 0xb0;             //50ms
     TR0 = 1;                           //启动 T0
     write_com(0x80);                   //第一行写
     for(i = 0;i < 15;i ++ )
         {write_dat(table1[i]);delay(5);}
     write_com(0x80 + 0x40);            //第二行写
     for(i = 0;i < 11;i ++ )
         {write_dat(table2[i]);delay(5);}
}
void display_time(uchar ad,uchar time)  //时间显示
{    uchar a,b;
     a = time/10;                       //分离十位
     b = time%10;                       //分离十个位
     write_com(0x80 + 0x40 + ad);       //第二行指针位置调整到更改显示数据的十位
     write_dat(0x30 + a);               //更改显示数据的十位
     write_com(0x80 + 0x40 + 1 + ad);   //第二行指针位置调整到更改数据的个位
     write_dat(0x30 + b);               //更改数据的个位
}
void display_date(uint nian,char yue,char ri)//日期显示
{    uint y1,y2,y3,y4;
```

```c
    char a,b,c,d;
    y1 = nian/1000;                        //分离千位
    y2 = nian%1000/100;                    //分离百位
    y3 = nian%1000%100/10;                 //分离十位
    y4 = nian%1000%100%10;                 //分离个位
    a = yue/10;
    b = yue%10;
    c = ri/10;
    d = ri%10;
    write_com(0x80 + 1);
    write_dat(0x30 + y1);                  //更改显示年数据的千位
    write_com(0x80 + 2);
    write_dat(0x30 + y2);                  //更改显示年数据的百位
    write_com(0x80 + 3);
    write_dat(0x30 + y3);                  //更改显示年数据的十位
    write_com(0x80 + 4);
    write_dat(0x30 + y4);                  //更改显示年数据的个位
    write_com(0x80 + 6);
    write_dat(0x30 + a);                   //更改显示月数据的十位
    write_com(0x80 + 7);
    write_dat(0x30 + b);                   //更改显示月数据的个位
    write_com(0x80 + 9);
    write_dat(0x30 + c);                   //更改显示日数据的十位
    write_com(0x80 + 10);
    write_dat(0x30 + d);                   //更改显示日数据的个位
}
void display_state(uchar s)                //模式状态屏幕显示
{
    write_com(0x80 + 0x40 + 14);
    write_dat(table3[s]);
}
void keyscan(void)                         //按键扫描
{   if(k1 == 0)                            //判断 K1 键是否按下
    {
        delay(10);                         //消除抖动
        if(k1 == 0)
        {   Led = 0;
            k1num ++;TR0 = 0;t = 0;
            while(! k1);
            if(k1num == 1)                 //按下的次数为 1 次
```

```
            {write_com(0x80+0x40+11);write_com(0x0f);display_state(k1num-1);}//s
            if(k1num==2)
            {write_com(0x80+0x40+8);display_state(k1num-1);}//m
            if(k1num==3)
            {write_com(0x80+0x40+5);display_state(k1num-1);}//h
            if(k1num==4)
            {write_com(0x80+14);display_state(k1num-1);}//week
            if(k1num==5)
            {write_com(0x80+10);display_state(k1num-1);}//day
            if(k1num==6)
            {write_com(0x80+7);display_state(k1num-1);}//month
            if(k1num==7)
            {write_com(0x80+4);display_state(k1num-1);}//year
            if(k1num==8)
            {k1num=0;write_com(0x0c);TR0=1;Led=1;display_state(7);}
        }
    }
    if(k1num!=0)                          //有 K1 键按下
    {
        if(k2==0)                         //判断 K2 加按键是否按下
        {
            delay(10);                    //消除抖动
            if(k2==0)
            {
                while(!k2);               //K2 键按下,不退出循环
                if(k1num==1)              //K1 键按下 1 次,增加秒钟数字量
                {   s++;
                    if(s==60)             //当增到 60s 重新归 0
                        s=0;
                    display_time(10,s);
                }
                if(k1num==2)              //K1 键按下 2 次,增加分钟数字量
                {   m++;
                    if(m==60)             //当分钟增到 60min 重新归 0
                        m=0;
                    display_time(7,m);
                }
                if(k1num==3)              //K1 键按下 3 次,增加时钟数字量
                {   h++;
```

```c
            if(h==24)              //当时钟增到24h重新归0
                h=0;
            display_time(4,h);
        }
        if(k1num==4)               //K1键按下4次,增加星期数
        {
            w++;
            if(w==8)
                w=1;
            display_week(w);
        }
        if(k1num==5)               //K1键按下5次,增加天数
        {
            day++;
            if(day==32)
                day=1;
            display_date(year,month,day);
        }
        if(k1num==6)               //K1键按下6次,增加月数
        {
            month++;
            if(month==13)
                month=1;
            display_date(year,month,day);
        }
        if(k1num==7)               //K1键按下7次,增加年数
        {
            year++;
            display_date(year,month,day);
        }
    }
}
if(k3==0)                          //判断是否有K3减按键按下
{
    delay(10);                     //消除抖动
    if(k3==0)
    {
        while(!k3);
        if(k1num==1)
        {
            s--;
            if(s==-1)
                s=59;
            display_time(10,s);
```

```
            if(k1num==2)
            {   m--;
                if(m==-1)
                m=59;
                display_time(7,m);
            }
            if(k1num==3)
            {   h--;
                if(h==-1)
                h=23;
                display_time(4,h);
            }
            if(k1num==4)
            {   w--;
                if(w==0)
                w=7;
                display_week(w);
            }
            if(k1num==5)
            {   day--;
                if(day==0)
                day=31;
                display_date(year,month,day);
            }
            if(k1num==6)
            {   month--;
                if(month==0)
                month=12;
                display_date(year,month,day);
            }
            if(k1num==7)
            {   year--;
                display_date(year,month,day);
            }
        }
    }
}
display_date(year,month,day);        //显示日期子函数
```

```c
        display_week(w);
        display_time(10,s);           //显示时间子函数
        display_time(7,m);
        display_time(4,h);
}
void main(void)                       //主函数
{
        init();
        while(1)
        {
                keyscan();
        }

}
void timer0() interrupt 1             //定时器T0中断函数
{
        t++;
        TH0 = 0x3c;                   //装入初值
        TL0 = 0xb0;
        if(t == 20)
        {s++;t=0;}
        if(s == 60)
        {m++;s=0;}
        if(m == 60)
        {h++;m=0;}
        if(h == 24)
        {w++;day++;h=0;}
        if(w == 8)
        {w=1;}
        if(day == 32)
        {month++;day=1;}
        if(month == 13)
        {year++;month=1;}
}
```

12.4 仿真与实验结果

可调式 LCD1602 电子钟 Proteus 仿真电路与结果如图 12-4 所示。上电运行后，时钟开始计时，按下 K1（MOD）键、K2（加）键、K3（减）键可以调整与设置时间。

第 12 章 可调式 LCD1602 电子钟设计

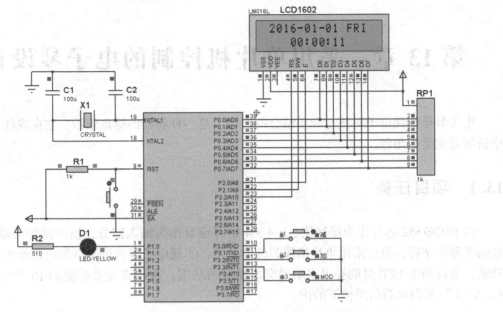

图 12-4　可调式 LCD1602 电子钟 Proteus 仿真电路

制作了采用单片机控制的可调式 LCD1602 电子钟多孔板实物，将程序烧写到 STC89C52 中去，通电后可以正常显示已设置的初始时间，并开始计时，按 K1 键可以进入时间调节模式，按 K2、K3 键对时间与日期加减调节，LCD 显示器上同时出现当前调节对象的提示，且状态指示灯处于亮的状态。图 12-5 是通电以后的显示结果。

图 12-5　可调式 LCD1602 电子钟实验结果

第13章 采用单片机控制的电子琴设计

电子琴是现代电子科技与音乐结合的产物,是一种新型的键盘乐器,它在现代音乐乐器中扮演着重要的角色。

13.1 项目任务

以 STC89S52 芯片作为控制核心,4*4 矩阵键盘作为输入部分,扬声器作为输出设备,数码管显示字符,设计采用单片机控制的电子琴,实现电子琴音乐弹奏和内置音乐播放两种功能,通过两个 LED 灯的亮灭表示弹奏或播放的状态,数码管显示按键的 16 个字符 "0~9,A~F" 来表示当前所按下的键。

13.2 硬件设计

单片机控制的电子琴结构框图如图 13-1 所示,由单片机最简应用系统、4*4 矩阵式按键、扬声器、数码管、发光二极管组成。电子琴电路原理图如图 13-2 所示,用 P0 口的低四位和高四位作矩阵式键盘的行线和列线,用 P2 口作共阳极数码管的段选线接口,用 P3.7 作扬声器信号输出口。

矩阵式键盘的列线接单片机的 P0.4~P0.7,行线接单片机的 P0.0~P0.3,行线作为输出端,列线作为输入端,由于 P0 口已经外接上拉电阻,无键按下时,列线输入均为高电平。确定矩阵式键盘中的哪个键被按下,采用"行扫描法",又称逐行扫描查询法,方法是将全部行线 P0.0~P0.3 置低电平,然后检测列线的状态,只要有一列的电平为低,就表示键盘中有键被按下,而且闭合的键位于低电平列线与 4 根行线相交叉的 4 个按键之中。再判断闭合键所在的位置,依次将行线置为低电平,再逐行检测各列线的电平状态,若某列为低电平,则该列线与置为低电平的行线交叉处的按键为闭合键。若所有的列线均为高电平,则无按键按下。

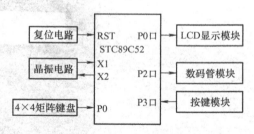

图 13-1 电子琴结构框图

共阳极数码管在应用时将公共极 COM 接到 +5V 电源 Vcc 上,当 P2 口的某一位为低电平时,相应字段就点亮,当某一位为高电平时,相应字段就不亮,如此来显示字符。

音乐播放和弹奏是在 P3.7 引脚上输出方波周期信号,驱动扬声器发声。P3.7 输出信号通过 LM386 放大模块接扬声器。

第 13 章 采用单片机控制的电子琴设计

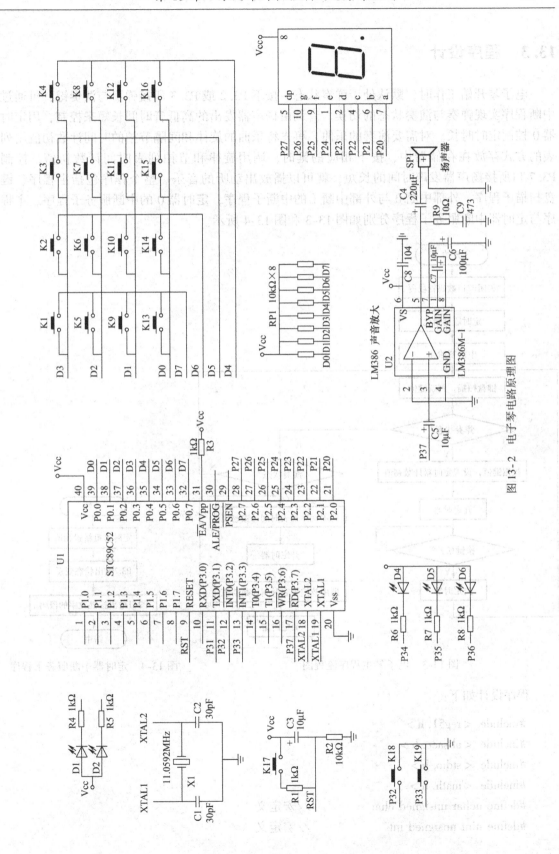

图 13-2 电子琴电路原理图

13.3 程序设计

电子琴开始工作时，默认处于弹奏状态。按下 P3.2 或 P3.3 所接弹奏与演奏键，可通过中断程序实现弹奏与演奏状态的切换。音调由扬声器发出的高低音时间长短来控制，用定时器 0 控制定时时长。对需要演奏的乐曲，事先将乐曲的旋律和间隔节拍的时间计数初值用列表的方式存放在存储器中，按下相应的键时，调用旋律和节拍列表时间计数初值，控制 P3.7 口所接扬声器发声时间的长短，就可以播放出动听的音乐。整个程序包括主程序、键盘扫描子程序、外部中断 0 与外部中断 1 的中断子程序，定时器 0 的中断服务子程序。主程序与定时器中断服务子程序分别如图 13-3 和图 13-4 所示。

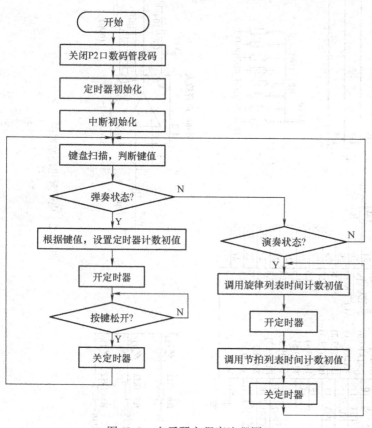
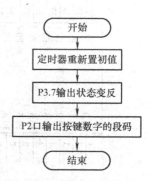

图 13-3　电子琴主程序流程图　　　　图 13-4　定时器中断服务子程序

程序设计如下：

```
#include <reg51.h>
#include <absacc.h>
#include <stdio.h>
#include <math.h>
#define uchar unsigned char          //宏定义
#define uint unsigned int            //宏定义
```

```c
uchar STH0;                      //定时器计数初值
uchar STL0;
bit FY = 0;                      //放乐曲时 FY = 1,电子琴弹奏时 FY = 0
uchar Song_Index = 0,Tone_Index = 0;//放音乐的参数
uchar k, key;
sbit SPK = P3^7;                 //定义蜂鸣器端口
sbit LED1 = P1^0;                //LED1 端口定义
sbit LED2 = P1^1;                //LED2 端口定义
ucharcode DSY_CODE[ ] = {0xc0,0xf9,0xa4,0xb0,0x99,0x92,0x82,0xf8,0x80,0x90,
0x88,0x83,0xc6,0xa1,0x86,0x8e};
//共阳极段码
uchar code Song[ ][50] =         //歌曲的旋律
{ {1,2,3,1,1,2,3,1,3,4,5,3,4,5,5,6,5,3,5,6,5,3,5,3,2,1,2,1, -1},
{3,3,4,5,5,5,5,6,5,3,5,3,2,1,5,6,5,3,3,2,1,1, -1},
{3,2,1,3,2,1,1,2,3,2,1,2,3,1,3,4,5,3,4,5,5,6,5,3,5,3,2,1,3,2,1,1, -1},
{10,10,10,9,10,9,10,9,9,6,6,7,8,9,8,7,6,5,6, -1},
{10,10,10,9,10,13,12,13,12,12,9,9,10,11,12,11,10,9,8,10,10, -1},
{13,14,13,12,12,10,12,10,12,9,13,12,10,9,10,10, -1},
{9,13,13,13,8,13,13,13,13,14,15,14,13,14,13,14,10,10, -1},
{13,14,13,12,12,10,12,10,12,13,14,13,14,13,14,10, -1},
{9,13,13,13,8,13,13,13,13,14,15,14,13,13,14,12,13, -1},
{5,5,10,9,8,5,5,5,5,10,9,8,6,6,6,11,10,9,6, -1},
{6,12,12,11,9,10,8,5,5,10,9,8,5,5,5,10,9,8,6, -1},
{6,6,11,10,9,12,12,12,12,13,12,11,9,8,10,10,10, -1},
{10,10,10,10,12,8,9,10,11,1,11,11,11,10,10,10,10,10,9,9,8,9,12,12,12,11, 9,8, -1},
{1,2,3,4,5,6,7,8,9,10,11,12,13,14,15,16,17,18,19,20,21, -1}
};
uchar code Len[ ][50] =          //与歌曲旋律对应的节拍间隔时间
{{1,1,1,1,1,1,1,1,1,2,1,1,2,1,1,1,1,1,1,1,1,1,1,2,2,2, -1},
{1,1,1,1,1,2,1,1,1,1,1,1,2,1,1,1,1,1,2,2, -1},
{1,1,2,1,1,2,1,1,1,1,1,1,1,1,2,1,1,2,1,1,1,1,1,1,1,2,1,1,2,2, -1},
{1,1,1,1,2,1,1,1,1,0,1,1,0,1,1,0,1,1,2,1},
{1,1,1,1,0,1,1,1,1,0,1,1,0,1,1,0,1,1,3,1, -1},
{0,1,1,0,1,1,2,1,1,0,1,1,0,1,1,2, -1},
{0,1,1,2,0,1,1,0,1,1,0,1,1,0,1,1,2,1, -1},
{0,1,1,0,1,1,2,1,1,0,1,1,0,1,1,4, -1},
{0,1,1,2,0,1,1,0,1,1,0,1,1,0,1,4, -1},
{1,1,1,1,1,1,1,1,1,1,1,1,1,1,1,1,1,1, -1},
{1,1,1,1,1,1,1,1,1,1,1,1,1,1,1,1,1,1, -1},
```

```c
{1,1,1,1,1,1,1,1,1,1,1,1,1,1,1,1,-1},
{1,1,1,1,1,1,1,1,1,1,1,1,1,1,1,1,1,1,1,1,1,1,1,1,1,1,1,-1},
{1,1,1,1,1,1,1,1,1,1,1,1,1,1,1,1,1,1,1,1,-1}
};
/* 音符与计数值对应表 */
uint code tab[ ] =
{0,63628,63835,64021,64103,64260,64400,64524,
 64580,64684,64777,64820,64898,64968,65030,
 65058,65110,65157,65178,65217,65252,65283
};
void delay1(uint ms)              //播放歌曲时实现节拍的延时函数
{
  uchar t;
  while(ms--)for(t=0;t<120;t++);
}
/* 键消抖延时函数 */
void delay(void)
{  uchar i;
   for(i=300;i>0;i--);
}
/* 键扫描函数 */
uchar getkey(void)
{
  uchar scancode,tmpcode;
  if(((P0&0xf0)==0xf0)
  return(0);
  scancode = 0xfe;
  while((scancode&0x10)!=0)     //逐行扫描
  {  P0 = scancode;              //输出行扫描码
     if((P0&0xf0)!=0xf0)         //本行有键按下
     { tmpcode = (P0&0xf0)|0x0f;
       /* 返回特征字节码,为 1 的位即对应于行和列 */
       return((~scancode)+(~tmpcode));
     }
     else scancode = (scancode<<1)|0x01;   //行扫描码左移一位
  }
}
/* 外部中断 0,这里是弹唱按键 */
void EXO_IXT( ) interrupt 0
```

```c
    { FY = 0;LED1 = 1;LED2 = 0; }
/* 外部中断线,这里是播放按键 */
void EX1_INT( ) interrupt 2
    { FY = 1;LED1 = 0;LED2 = 1; }
/* 定时器 0 中断服务子程序 */
void time0_int( void) interrupt 1 using 0
{
    /* 设置计数初值 */
    TH0 = STH0;
    TL0 = STL0;
    SPK = ! SPK;                    //反相,产生输出脉冲*/
    P2 = DSY_CODE[k];
}
void main( void)
    { LED1 = 1;
    LED2 = 0;
    P2 = 0x7f;
    IE = 0x87;
    TMOD = 0x01;
    IT0 = 1;
    IT1 = 1;
    while(1)
    {
      P0 = 0xf0;                    //发全 0 列扫描码
      if((P0&0xf0)! = 0xf0)         //若有键按下
        {
          delay( );                 //延时去抖动
          if((P0&0xf0)! = 0xf0)     //延时后再判断一次,去除抖动影响
            {
              key = getkey( );      //调用键盘扫描函数
              switch(key)           //根据获取的按键位置得到 k 值
                {
                  case 0x88:
                    k = 0;
                    break;
                  case 0x48:
                    k = 1;
                    break;
                  case 0x28:
```

```
            k = 2 ;
            break;
        case 0x18:
            k = 3 ;
            break;
        case 0x84:
            k = 4 ;
            break;
        case 0x44:
            k = 5 ;
            break;
        case 0x24:
            k = 6 ;
            break;
        case 0x14:
            k = 7 ;
            break;
        case 0x82:
            k = 8 ;
            break;
        case 0x42:
            k = 9 ;
            break;
        case 0x22:
            k = 10 ;
            break;
        case 0x12:
            k = 11 ;
            break;
        case 0x81:
            k = 12 ;
            break;
        case 0x41:
            k = 13 ;
            break;
        case 0x21:
            k = 14 ;
            break;
        case 0x11:
```

```
                    k = 15;
                    break;
            default :
                    break;
                }
            if(FY==0)
            {/* 根据所得的 k 值设定计数器 1 的计数初值 */
            STH0 = tab[k]/256;
            STL0 = tab[k]%256;
            TR0 = 1;                    //开始计数
            while((P0&0xf0)!=0xf0);     //若没有松开按键,则等待,等待期间弹奏
                                            该音符
            TR0 = 0;                    //若按键松开,则停止计数,不产生脉冲输出
            }
                else
            {
            while(FY==1)
                {
                if(Song[k][Tone_Index] == -1)
                Tone_Index = 0;
                STH0 = (tab[Song[k][Tone_Index]])/256;
                STL0 = (tab[Song[k][Tone_Index]])%256;
                P2 = DSY_CODE[Song[k][Tone_Index]];
                TR0 = 1;
                delay1(300 * Len[k][Tone_Index]);
                Tone_Index ++;
                TR0 = 0;
                }
            }
        }
    }
}
```

13.4 仿真与实验结果

电子琴的 Proteus 仿真电路与结果如图 13-5 所示,在弹奏键按过以后,按下矩阵式键盘中的任意键,扬声器会输出相应的音调,矩阵式键盘按键松开,音调停止;在演奏键按过以后,按下矩阵式键盘中的任意键,扬声器会输出相应的乐曲。P1.0 与 P1.1 所接的二极管会指示出当前处于弹奏还是演奏状态。

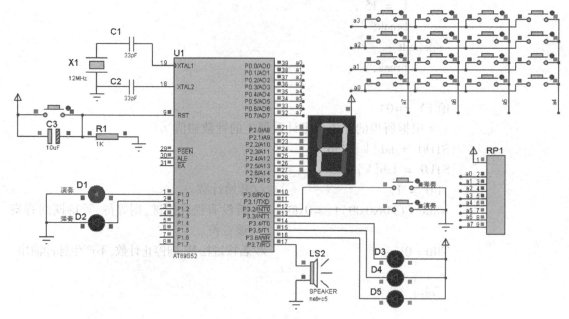

图 13-5　电子琴仿真电路与结果

基于单片机控制的电子琴多孔板实物实验结果如图 13-6 所示，图 13-6a、b 分别是按下弹奏键后，再按矩阵键盘开关 K0 和 K1 以后的显示结果。

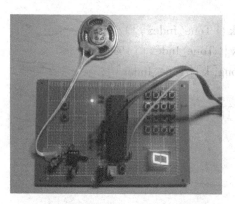
a) 在弹奏状态，按矩阵键盘开关K0显示结果

b) 在弹奏状态，按矩阵键盘开关K1显示结果

图 13-6　电子琴实验显示结果

第 14 章 基于 ADC0809 的数字电压表设计

数字电压表是当前电工电子领域大量使用的一种基本测量工具,它采用数字化测量技术,将连续的直流输入电压模拟量信号转换成不连续、离散的数字信号并加以显示。

14.1 项目任务

以 STC89C52 单片机作为控制核心,用 ADC0809 作为 A/D 转换器,对 0~5V 范围内变化的直流电压进行测量,用数码管显示测量结果,实现数字电压表的功能。

14.2 硬件设计

基于 ADC0809 的数字电压表结构框图如图 14-1 所示,以 STC89C52 单片机作为核心控制器件,采用 ADC0809 进行 A/D 转换,需要测量的 5V 范围直流电压模拟量从 ADC0809 的一个输入端输入,选择四位一体的 LED 共阳极数码管,显示测量结果,用 P0 口与 P2 口作为数码管的段选和位选控制线。

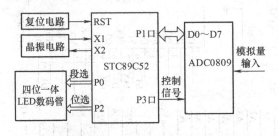

图 14-1 基于 ADC0809 的数字电压表结构框图

基于 ADC0809 的数字电压表电路原理图框图如图 14-2 所示。ADC0809 有 8 路模拟输入端口,地址线(第 23~25 脚)可决定对哪一路模拟输入进行 A/D 转换。第 22 脚为地址锁存控制,当输入为高电平时,对地址信号进行锁存,第 6 脚为转换控制,当输入一个 2μs 宽高电平脉冲时,就开始 A/D 转换;第 7 脚为 A/D 转换结束标志,当 A/D 转换结束时,第 7 脚输出高电平,第 9 脚为 A/D 转换数据输出允许控制,当 OE 脚为高电平时,A/D 转换数据从端口 D0~D7 输出。

单片机的 P0 口作为 LED 数码管的段选输出线、P2.7~P2.5 端口作为四位 LED 数码管中后三位的显示控制,P1 端口作 A/D 转换数据的读入端口,P3 端口的 P3.0~P3.3 分别作为 ADC0809 的 OE、EOC、ST、CLK 控制联络信号。外部模拟量信号从 ADC0809 的 IN1 端输入,所以 ADC0809 的地址线 B、C 直接接地,地址线 A 接单片机的 P3.4 引脚。

第 14 章 基于 ADC0809 的数字电压表设计

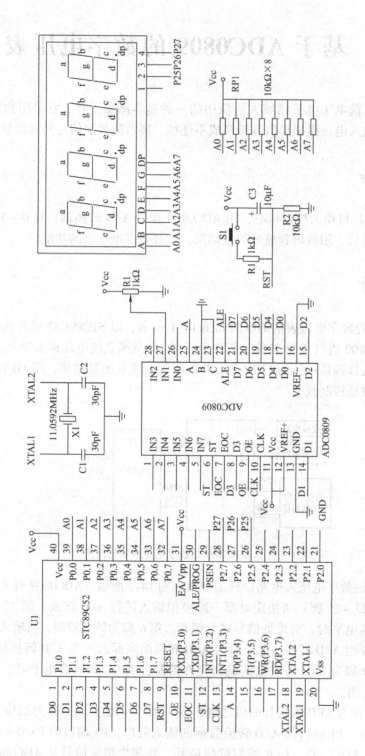

图 14-2 基于 ADC0809 的数字电压表原理图

14.1 设计目的

14.2 硬件电路

14.3 程序设计

基于 ADC0809 的数字电压表包括主程序、显示子程序与定时器 0 中断服务子程序。主程序流程图如图 14-3 所示,主程序中完成定时器与中断的初始化,启动 A/D 转换,等待 A/D 转换结束,输出 A/D 转换结果。显示子程序采用动态扫描法实现三位数码管的数值显示,定时器 0 初值设为 -25(即 231),工作在方式 2,每 25μs 中断一次,中断服务子程序中改变 P3.3 引脚的电平,使得 P3.3 输出周期为 50μs,频率为 20kHz 的方波,作为 ADC0809 的时钟信号。

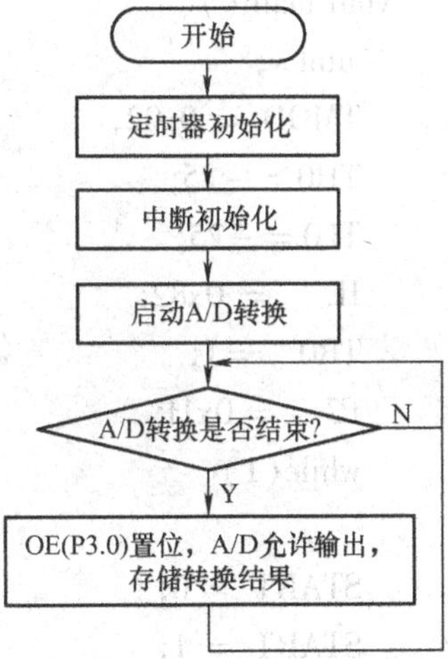

设计的程序如下:

```
#include <reg52.h>           //52 系列单片机头文件
#define uint unsigned int    //宏定义
#define uchar unsigned char
sbit dp    = P0^7;           //声明单片机 P0 口的第八位
uchar code LEDData[ ] = {0x3F,0x06,0x5B,0x4F,0x66,
                0x6D,0x7D,0x07,0x7F,0x6F};   //0~9 的字符编码
sbit OE    = P3^0;           //P3.0 引脚输出允许信号
sbit EOC   = P3^1;           //P3.1 引脚输出 A/D 转换结束信号
sbit START = P3^2;           //P3.2 引脚输出 A/D 转换启动信号
sbit CLK   = P3^3;           //P3.3 引脚输出时钟信号
void DelayMS(uint ms)        //延时子函数
{
 uchar i;
 while(ms--)
 {for(i=0;i<120;i++);}
}
void Display_Result(uint d)  //显示子函数
{ P2 = 0x7F;                 //显示个位数
  P0 = LEDData[d%10];
  DelayMS(1);
  P2 = 0xBF;
  P0 = LEDData[d%100/10];    //显示十位数
  DelayMS(1);
  P2 = 0xDF;                 //显示百位数
  P0 = LEDData[d/100];
  dp = 1;                    //点亮百位的小数点
```

图 14-3 主程序流程图

```c
        DelayMS(1);
    }
    void main()                    //主函数
    {  uint v;
        TMOD = 0x02;               //定时器工作方式2
        TH0 = -25;
        TL0 = -25;                 //初值位20
        IE  = 0x82;                //打开总中断控制和定时器中断
        TR0 = 1;                   //启动定时器0
        P3  = 0x1f;                //选中通道1,CLK=1,STARK=1,EOC=1,OE=1
        while(1)
        {
            START = 0;
            START = 1;
            START = 0;             //启动A/D转换,锁存通道地址
            while(EOC == 0);       //等待转换结束
            OE = 1;                //允许转换结束输出
            v = P1 * 1.9607843;    //5V时输出的数字量为2.55,为了使5V时输出5.00,
                                   //  要乘上比例系数
            Display_Result(v);     //显示函数
            OE = 0;
        }
    }
    void Timer0_INT() interrupt 1    //中断函数
    {
        CLK = ! CLK;
    }
```

14.4 仿真与实验结果

基于ADC0809的数字电压表的Proteus仿真电路与结果如图14-4所示,调节RV1滑动电阻的滑动触头,4位LED数码管显示的电压值随之变化,当滑动触头滑动到最下端时,显示器显示0.00,表示0V,当滑动触头滑动到最上端时,显示器显示5.00,表示5V,图14-4为滑动触头滑到中间位置时的显示结果,表示2.54V,仿真结果表明其具有数字电压表的功能。

基于ADC0809的数字电压表实物及实验结果如图14-5所示,将程序烧写到STC89C52中去,通电后将滑动变阻器的阻值调至某一位置。

第 14 章 基于 ADC0809 的数字电压表设计

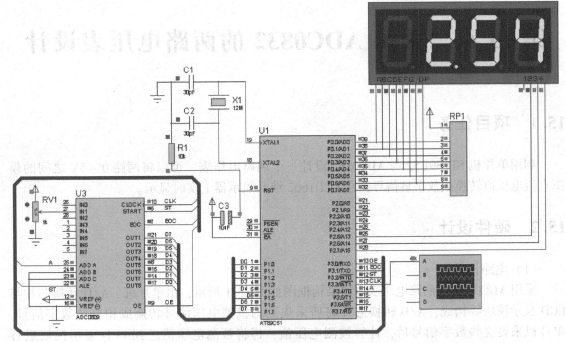

图 14-4 基于 ADC0809 的数字电压表的 Proteus 仿真电路与结果

图 14-5 基于 ADC0809 的数字电压表实验结果

第 15 章　采用 ADC0832 的两路电压表设计

15.1　项目任务

利用单片机 STC89C52 与 ADC0832 设计一个两路电压表，可以将两路 0～5V 之间的模拟直流电压值转换成数字量信号，在 LCD1602 液晶显示器上实时显示。

15.2　硬件设计

（1）电路设计

采用 ADC0832 的两路电压表电路结构框图如图 15-1 所示，由单片机、A/D 转换芯片与 LCD 显示模块等构成，A/D 转换芯片将所采集到的模拟电压信号转换成相应的数字信号，单片机采集这些数字信号后，计算被测电压值，再将被测电压值送到 LCD 显示模块进行显示。

两路电压表电路原理图如图 15-2 所示，包括单片机最简应用系统、LCD1602 显示器、A/D 转换芯片 ADC0832。LCD1602 的数据线 D0～D7 接单片机 P0 口，RS、RW 和 E 分别接单片机的 P2.0～P2.2，ADC0832 的 $\overline{CS}$、CLK 分别接单片机 P1.0 和 P1.1，DI、DO 并联后接 P1.1，ADC0832 的

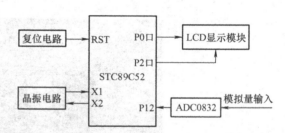

图 15-1　采用 ADC0832 的两路电压表电路结构框图

输入端 CH0、CH1 分别接两个电位器的阻值可变端，电位器的固定阻值的两端接 +5V 电源。通过调节电位器改变电压值，ADC0832 将 0～5V 之间的模拟电压值转换成数字量，并在 LCD1602 上显示出相应数值。

（2）ADC0832 简介

ADC0832 是美国国家半导体公司生产的一种 8 位分辨率、双通道 A/D 转换器，体积小、兼容性强，性价比高，其 I/O 电平与 TTL/CMOS 相兼容，5V 电源供电时输入电压在 0～5V 之间，工作频率为 250kHz，转换时间为 32μs，一般功耗仅为 15mW，商用级芯片温宽为 0～70℃，工业级芯片温宽为 -40～85℃。

转换器 $\overline{CS}$ 引脚为片选使能控制端，CH0、1 为模拟输入通道 0、1，或作为 IN +/- 使用，GND 为参考 0 电位，DI、DO 分别为串行数据输入、输出引脚，CLK 为串行时钟输入引脚、VCC/REF 为电源输入及参考电压输入。

第15章 采用ADC0832的两路电压表设计

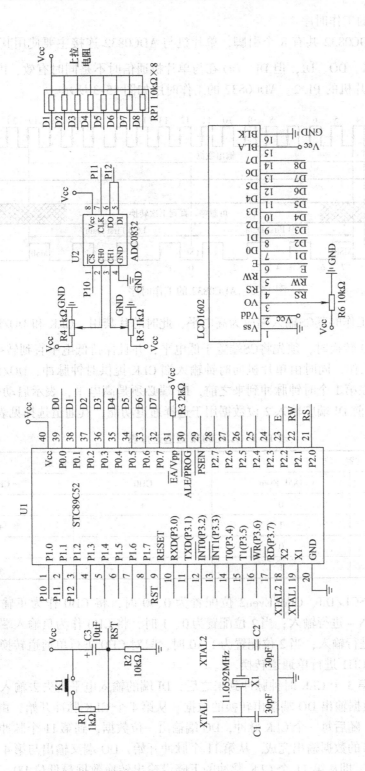

图15-2 用ADC0832设计的两路电压表的电路原理图

（3）ADC0832 的工作时序

图 15-2 中的 ADC0832 共有 8 个引脚，单片机与 ADC0832 连接主要使用其中的 4 条连线，分别为 $\overline{CS}$、CLK、DO、DI，但 DI、DO 在与单片机通信时不是同时有效，因此，将 DI、DO 并联在一起接单片机的 P1.2。ADC0832 的工作时序如图 15-3 所示。

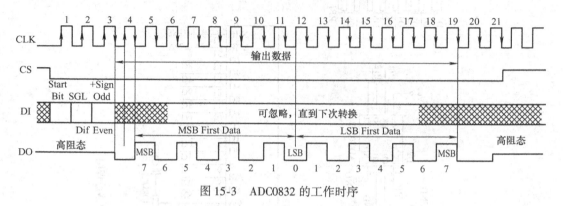

图 15-3　ADC0832 的工作时序

当 ADC0832 不工作时其 $\overline{CS}$ 输入端应为高电平，此时芯片禁用，CLK 和 DO/DI 的电平可任意。当要进行 A/D 转换时，须先将 $\overline{CS}$ 端置于低电平，并且保持低电平直到转换完全结束，此时芯片开始转换工作，同时由单片机向时钟输入端 CLK 提供时钟脉冲，DO/DI 端则使用 DI 输入通道功能，在第 1 个时钟脉冲到来之前，DI 端必须是高电平，表示启动位。在第 2、3 个时钟脉冲到来之前 DI 端应输入 2 位数据用于选择通道功能，其通道选择见表 15-1。

表 15-1　ADC0832 通道选择表

配　置　位		选　择　通　道	
SGL/Dif	Odd/Even	CH0	CH1
0	0	+	-
0	1	-	+
1	0	+	
1	1		+

见表 15-1，当 SGL/Dif、Odd/Even2 位配置为 0、0 时，将 CH0 作为正输入端 IN +，CH1 作为负输入端 IN - 进行输入；当 2 位配置为 0、1 时，将 CH0 作为负输入端 IN -，CH1 作为正输入端 IN + 进行输入；当 2 位配置为 1、0 时，只对 CH0 进行单通道转换；当 2 位配置为 1、1 时，只对 CH1 进行单通道转换。

图 15-3 中，在第 3 个 CLK 时钟脉冲到来之后，DI 端的输入电平就失去输入作用，此后 DO/DI 端开始利用数据输出 DO 端输出转换的数据。从第 4 个 CLK 脉冲开始，由 DO 端输出转换数据最高位 D7，随后每一个 CLK 脉冲，DO 端输出一位数据，到第 11 个脉冲时发出最低位数据 D0，一个字节的数据输出完成。从第 11 个脉冲开始，DO 端又输出与第 4~11 个 CLK 脉冲相反顺序的数据，即从第 11 个 CLK 脉冲的下降沿输出转换数据最低位 D0，随后的每个 CLK 脉冲，DO 端分别输出 D1、D2、…，到第 19 个 CLK 脉冲，DO 端输出 D7，数据输出完成，一次 A/D 转换结束。将 $\overline{CS}$ 置高电平，禁用芯片，再将转换后的数据进行处理就可以了。

15.3 程序设计

程序采用模块化机构设计,包括液晶显示器程序、ADC0832 工作时序程序及主程序。程序设计如下:

```c
#include <reg52.h>
#include <intrins.h>
#define uchar unsigned char
#define uint unsigned int
#define IO_1602 P0    //IO 口
sbit RS_1602 = P2^0;         // 1602RS 引脚接 P2.0
sbit RW_1602 = P2^1;         //1602R/W 引脚接 P2.1
sbit E_1602 = P2^2;          //1602E 引脚接 P2.2
sbit CS = P1^0;              //ADC0832 片选引脚接 P1.0
sbit CLK = P1^1;             //ADC0832CLK 引脚接 P1.1
sbit DIO = P1^2;             //ADC0832DI、DO 引脚接 P1.2
void delay_ms(unsigned int t)  //延时子函数晶振 11.0592MHz,延时 1ms
{
    uchar x,y;
    for(t;t>0;t--)
    {
        for(x=0;x<114;x++)
        for(y=0;y<1;y++);
    }
}
void Wr1602Cmd(unsigned char dat)    //LCD1602 写命令函数
{
    E_1602 = 0;
    IO_1602 = dat;
    RS_1602 = 0;
    RW_1602 = 0;
    E_1602 = 1;
    delay_ms(1);
    E_1602 = 0;
    delay_ms(1);
}
void Wr1602Dat(unsigned char dat)    //LCD1602 写数据函数
{
    E_1602 = 0;
```

```c
        IO_1602 = dat;
        RS_1602 = 1;
        RW_1602 = 0;
        E_1602 = 1;
        delay_ms(1);
        E_1602 = 0;
        delay_ms(1);
    }
    void Init1602(void)                              // LCD1602 初始化函数
    {   delay_ms(20);
        Wr1602Cmd(0x38);
        delay_ms(5);
        Wr1602Cmd(0x38);
        delay_ms(5);
        Wr1602Cmd(0x06);
        Wr1602Cmd(0x0c);
        Wr1602Cmd(0x01);                             //清屏
        Wr1602Cmd(0x80);                             //设置地址
    }
    uchar RdAdc0832(bit Hx)
    {   uchar value0,value1,i;
        CS = 1;
        CLK = 0;
        DIO = 1;
        CS = 0;                                      // Adc0832 片选有效
        DIO = 1;_nop_();_nop_();_nop_();_nop_();     //写 Start Bit 位
        CLK = 1;_nop_();_nop_();;_nop_();_nop_();    //产生第 1 个 CLK 时钟脉冲
        CLK = 0;_nop_();_nop_();_nop_();_nop_();
        DIO = 1;_nop_();_nop_();_nop_();_nop_();;    //写 SGL 位
        CLK = 1;_nop_();_nop_();_nop_();_nop_();     //产生第 2 个 CLK 时钟脉冲
        CLK = 0;_nop_();_nop_();_nop_();_nop_();
        DIO = Hx;_nop_();_nop_();;_nop_();_nop_();   //写通道号位
        CLK = 1;_nop_();_nop_();;_nop_();_nop_();    //产生第 3 个 CLK 时钟脉冲
        CLK = 0;_nop_();_nop_();_nop_();_nop_();
        DIO = 1;
    for(i = 0;i < 8;i ++ )                           // 第 4~11 个 CLK 时钟脉冲,下
                                                     //   降沿读取数据
    {
        CLK = 1;_nop_();_nop_();_nop_();_nop_();     //产生第 4~11 个 CLK 时钟脉冲
```

```c
        CLK=0;_nop_();_nop_();_nop_();_nop_();
        value0<<=1;                             //上一个 CLK 时钟脉冲接收的数
                                                //据向高位移动一位
        if(DIO==1)value0|=0x01;                 //当前 CLK 时钟脉冲接收的数据
                                                //置位或清零
        else value0&=0xfe;
    }
    for(i=0;i<8;i++)                            //第 12~19 个 CLK 时钟脉冲,下
                                                //降沿读取数据
    {
        value1>>=1;                             //上一个 CLK 时钟脉冲接收的数
                                                //据向低位移动一位
        if(DIO==1)value1|=0x80;                 //当前 CLK 时钟脉冲接收的数据
                                                //置位或清零
        else value1&=0x7f;
        CLK=1;_nop_();_nop_();_nop_();_nop_();  //产生第 12~19 个 CLK 时钟脉冲
        CLK=0;_nop_();_nop_();_nop_();_nop_();
    }
    CS=1;                                       // ADC0832 片选失效
    return(value0==value1)?value0:0x00;
    //如果 MSB -> LSB 和 LSB -> MSB 读取的结果相同则返回读取的结果,否则返回 0
}
void main()                                     //主程序
{   unsigned long i;
    Init1602();
    while(1)
    {
        Wr1602Cmd(0x80+0x03);
        i=RdAdc0832(0);                         //读取 ADC0832 0 通道的值
        i=(i*5000/255);
        Wr1602Dat('C');                         //显示 ADC0832 0 通道的值
        Wr1602Dat('H');
        Wr1602Dat('0');
        Wr1602Dat('=');
        Wr1602Dat('0'+i/1000);                  //个位
        Wr1602Dat('.');
        Wr1602Dat('0'+i%1000/100);              //小数点后一位
        Wr1602Dat('0'+i%1000%100/10);           //小数点后两位
        Wr1602Dat('0'+i%1000%100%10);           //小数点后三位
```

```c
        Wr1602Dat('V');
        Wr1602Cmd(0xC0 + 0x03);                    //第二路电压显示引脚 CH3
        i = RdAdc0832(1);                          //读取 ADC0832 1 通道的值
        i = (i * 5000/255);
        Wr1602Dat('C');                            //显示 ADC0832 1 通道的值
        Wr1602Dat('H');
        Wr1602Dat('1');
        Wr1602Dat('=');
        Wr1602Dat('0' + i/1000);
        Wr1602Dat('.');
        Wr1602Dat('0' + i%1000/100);
        Wr1602Dat('0' + i%1000%100/10);
        Wr1602Dat('0' + i%1000%100%10);
        Wr1602Dat('V');
    }
```

15.4 仿真与实验结果

用 Proteus 软件对 ADC0832 设计的两路电压表进行了仿真,仿真电路和结果如图 15-4 所示。调节 RV1、RV2 两个电位器的滑动触头,液晶显示器上两路电压表的数值在随之变化。

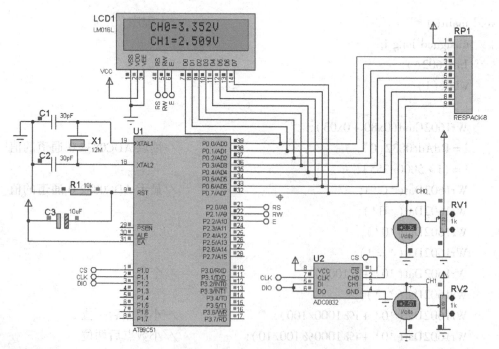

图 15-4 仿真电路和结果

制作了两路电压表多孔板实物，通电后，显示屏上可以显示相应的数字，实验结果如图15-5所示。

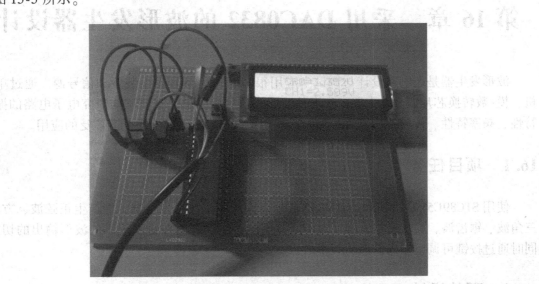

图15-5 ADC0832两路电压表实物实验结果

第 16 章 采用 DAC0832 的波形发生器设计

波形发生器是在电路设计与调试中应用很多的一种信号发生装置和信号源。通过单片机、模/数转换芯片以及放大器产生多种波形的信号发生器，在测试与研究电子电路的振幅特性、频率特性、传输特性以及各种元器件的特性与参数时，有着相当广泛的应用。

16.1 项目任务

使用 STC89C51 单片机和 DAC0832 芯片，设计一个波形发生器，能产生正弦波、方波、三角波、锯齿波，要求通过编程实现不同波型的产生，通过按键实现不同波形输出的切换，同时通过按键可调整输出波形的频率。

16.2 硬件设计

(1) 电路设计

采用 DAC0832 的波形发生器结构框图如图 16-1 所示，以 STC89C52 单片机作为核心控制器件，按照波形产生要求，单片机 P1 口输出数字量，经过 DAC0832 的数/模转换，将数字量转换成与正弦波、方波、三角波或锯齿波对应的模拟量；P0 口与 P2 口接 LCD 模块，用 LCD 模块显示当前输出波形形状、频率值或波形频率调整的步进值；P3 口接按键与指示灯，按键用于实现波形切换及调整输出波形频率，指示灯指示输出波形状态。

采用 DAC0832 的波形发生器具体电路如图 16-2 所示，包括单片机、晶振与复位电路、DAC0832 数/模转换电路、LCD1602 显示模块、四个独立按键与四个指示灯。图中 DAC0832 工作在直通方式，控制信号 $\overline{CS}$、$\overline{WR1}$、$\overline{WR2}$、$\overline{XFER}$ 直接接地，I_{LE} 接高电平，数据端口 DI0～DI7 接单片机 P1 端口。

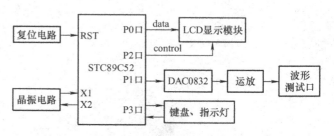

图 16-1 采用 DAC0832 的波形发生器结构框图

(2) DAC0832 简介

DAC0832 是美国国家半导体公司（National Semiconductor）生产的 DAC0830 系列数/模转换产品中的一种，它是 8 位并行 D/A 转换芯片，电流建立时间 1μs，片内二级数据锁存，提供数据输入双缓冲、单缓冲和直通三种工作方式。DAC0832 是电流输出型芯片，通过外接一个运算放大器，可以很方便地提供电压输出，输出电流线性度可在满量程下调节，逻辑电平输入与 TTL 兼容，与 80C51 单片机连接方便，采用单一 +5V～+15V 电源供电，低功耗仅为 20mW。

第16章 采用DAC0832的波形发生器设计

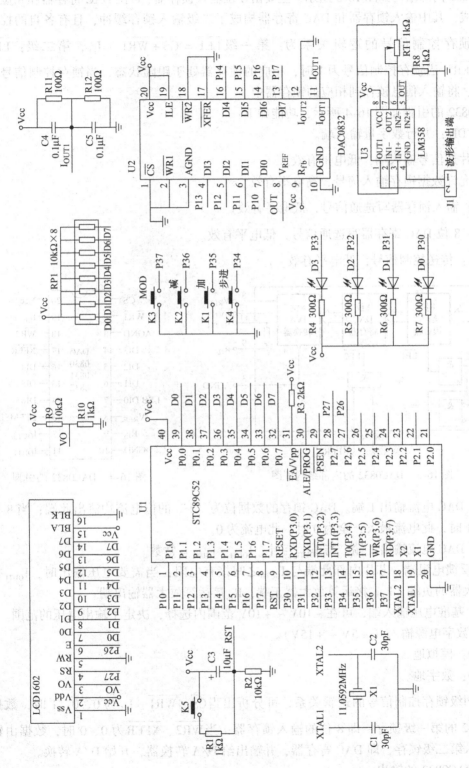

图16-2 波形发生器电路图

DAC0832 内部结构如图 16-3 所示,主要由 8 位输入锁存器、8 位 DAC 寄存器和 8 位 D/A 转换器构成,其中输入锁存器和 DAC 寄存器构成了二级输入锁存缓冲,且有各自的控制信号。两级锁存控制信号的逻辑关系为:第一级 $\overline{LE1} = \overline{CS + WR1} \cdot I_{LE}$,第二级:$\overline{LE2} = \overline{WR2 + XFER}$。当锁存控制信号为 1 时,相应的锁存器处于跟随状态,当锁存控制信号出现负跳变时,将输入信息锁存到相应的锁存器中。

DAC0832 的引脚如图 16-4 所示,功能如下:

DI0 ~ DI7:并行数字量输入端。

$\overline{CS}$:片选信号输入端,低电平有效。

I_{LE}:允许数据锁存输入信号,高电平有效。

$\overline{WR1}$:输入锁存器写选通信号,低电平有效。

$\overline{WR2}$:8 位 DAC 寄存器写选通信号,低电平有效。

$\overline{XFER}$:传送控制信号,低电平有效。

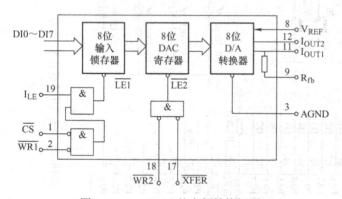
图 16-3 DAC0832 的内部结构框图

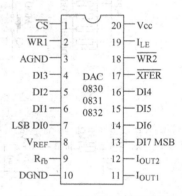
图 16-4 DAC0832 的引脚

I_{OUT1}:DAC 电流输出 1 端。DAC 锁存的数据位为 "1" 的位电流均流出此端;当 8 位数字量全为 1 时,此电流最大;全为 0 时,此电流为 0。

I_{OUT2}:DAC 电流输出 2 端,与 I_{OUT1} 互补,$I_{OUT1} + I_{OUT2} =$ 常数。

R_{fb}:反馈电阻端,芯片内部此端与 I_{OUT1} 之间接有电阻,当需要电压输出时,I_{OUT1} 接外接运算放大器的负端,I_{OUT2} 接运算放大器正端,R_{fb} 接运算放大器输出端。

V_{REF}:基准电压输入端,可在 -10V ~ +10V 范围内选择,决定了输出电压的范围。

V_{CC}:数字电源输入(+5V ~ +15V)。

AGND:模拟地。

DGND:数字地。

结合两级锁存控制信号的逻辑关系,可分析出当 $\overline{CS}$、$\overline{WR1}$、I_{LE} 为 0、0、1 时,数据写入 DAC0832 的第一级锁存,即 8 位的输入锁存器;当 $\overline{WR2}$、$\overline{XFER}$ 为 0、0 时,数据由输入锁存器进入第二级锁存,即 DAC 寄存器,并输出给 D/A 转换器,开始 D/A 转换。

(3)DAC0832 的输出

DAC0832 是电流输出型,需要电压输出时,可以通过连接运算放大器获得电压输出。

一般有两种连接方法,一种是连接一个运算放大器,构成单极性输出形式,如图 16-5 所示。单极性输出电压为:$V_{OUT} = -DV_{REF}/2^n$,D 为数字输入量,V_{REF} 为基准电压。

在有些应用场合,还需要双极性输出电压,此时需要在输出端连接二级运算放大器,电路连接如图 16-6 所示,此时输出电压为[1]:

$$V_{OUT} = -(V_{OUTD} + V_{OUTR}) = -(2RV_D/R + 2RV_{REF}/2R) = (D - 2^{n-1})V_{REF}/2^{n-1}$$

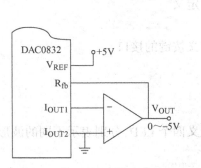

图 16-5 DAC0832 输出外接运放电路图

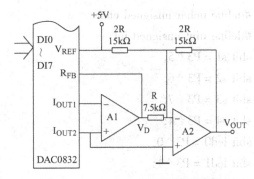

图 16-6 DAC0832 双极性输出电路

注意:DAC0832 的 V_{REF} 也可以作为输出端,图 16-2 中就是通过 V_{REF} 输出,再经过 LM358 的两级运放获得输出电压的。用 V_{REF} 端输出电压的原理分析如下:DAC0832 是由图 16-7 所示的 R-2R 梯形电阻网络完成数字量到模拟量的转换,其中 R_{fb} 是一个内置的反馈电阻,可用可不用,开关组是由输入的八位数字信号 DI0~DI7 决定的,I_{OUT1} 和 I_{OUT2} 是输出。图 16-2 中,I_{OUT1} 稳压在 2.5V,I_{OUT2} 接地,R_{fb} 接 +5V,V_{REF} 最大输出 2.5V,再由运放得到 5V 输出。

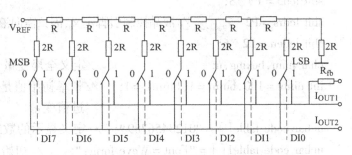

图 16-7 R-2R 梯形电阻网络 D/A 转换器原理图

16.3 程序设计

不同波形由程序控制产生。单片机向 D/A 输出按一定规律变化的二进制数据,经 D/A 转换,变成模拟量,再通过按键控制波形的产生。根据波形频率计算波形周期,将每一个波形周期分为 64 等分时间,每一等分时间到时输出 1 个预先设置好的数据,每个周期输出 64 个数据,数据之间的间隔由定时器控制。

正弦波信号的产生是利用 MATLAB 将正弦曲线均匀取样后,得到等间隔时刻正弦波取样的数字值,单片机端口依次输出这些数据,经 D/A 转换得到模拟量正弦波。

方波信号的产生是将二进制数字信号 "255" 和 "0" 经过单片机端口输出,经 D/A 转换得到模拟量,控制 "255" 和 "0" 输出时间可以控制方波的占空比;

三角波信号的产生是单片机将输出的二进制数字信号从 0 开始,依次加 8,达到 248 时再依次减 8,经 D/A 转换成为模拟量就可以输出三角波。

锯齿波信号的产生是单片机将输出的二进制数字信号从 0 开始，依次加 4（或 5），一个周期输出 64 个数据，达到 255，就输出了锯齿波。

设计程序如下：

```c
#include <reg52.h>                    //包含头文件
#include <intrins.h>
#define uchar unsigned char           //宏定义
#define uint unsigned int
sbit s1 = P3^5;                       //定义按键的接口
sbit s2 = P3^6;
sbit s3 = P3^7;
sbit s4 = P3^4;
sbit led0 = P3^0;                     //定义四个LED,分别表示不同的波形
sbit led1 = P3^1;
sbit led2 = P3^2;
sbit led3 = P3^3;
sbit lcdrs = P2^7;                    //液晶控制引脚定义,因只需向液晶写数据,故 RW 引脚直接接地
sbit lcden = P2^6;
char num,boxing,u;                    //定义全局变量
int pinlv = 100,bujin = 1,bujin1 = 1; //频率初始值是10Hz,步进值默认是0.1,显示步
                                      //进值变量
uchar code table[] = "0123456789";    //定义显示的数组
uchar code table1[] = "Fout = Wave form:"; //初始化显示字符
unsigned long int m;                  //定义长整形变量 m
int a,b,h,num1;                       //定义全局变量
//自定义字符
uchar code zifu[] = {                 //此数组内数据为液晶上显示波形符号的自定义字符
    0x0e,0x11,0x11,0x00,0x00,0x00,0x00,0x00,   //正弦波    0
    0x00,0x00,0x00,0x00,0x11,0x11,0x0e,0x00,   //正弦波    1
    0x00,0x07,0x04,0x04,0x04,0x04,0x1c,0x00,   //矩形波    2
    0x00,0x1c,0x04,0x04,0x04,0x04,0x07,0x00,   //矩形波    3
    0x00,0x01,0x02,0x04,0x08,0x10,0x00,0x00,   //三角波    4
    0x00,0x10,0x08,0x04,0x02,0x01,0x00,0x00,   //三角波    5
    0x00,0x01,0x03,0x05,0x09,0x11,0x00,0x00,   //锯齿波    6
};
uchar code sin[64] = { //此数组内的数据为 D/A 输出电压值对应的数字量,0 对 0V,255 对 5V
135,145,158,167,176,188,199,209,218,226,234,240,245,249,252,254,254,253,251,
247,243,237,230,222,213,204,193,182,170,158,
```

第16章 采用 DAC0832 的波形发生器设计

```c
    146,133,121,108,96,84,72,61,50,41,32,24,17,11,7,3,1,0,0,2,5,9,14,20,28,36,
45,55,66,78,90,102,114,128
    };                              //正弦波取码
uchar code juxing[64] = {           //一个周期是采样64个点，所以数组内是64个数据
    255,255,255,255,255,255,255,255,255,255,255,255,255,255,255,255,255,255,
255,255,255,255,255,255,255,255,255,255,255,255,255,255,0,0,0,0,0,0,0,0,0,0,0,0,0,
0,0,0,0,0,0,0,0,0,0,0,0,0,0,0,0,0,0,0
    };                              //矩形波取码
uchar code sanjiao[64] = {
    0,8,16,24,32,40,48,56,64,72,80,88,96,104,112,120,128,136,144,152,160,168,
176,184,192,200,208,216,224,232,240,248,248,240,232,224,216,208,200,192,184,176,
168,160,152,144,136,128,120,112,104,96,88,80,72,64,56,48,40,32,24,16,8,0
    };                              //三角波取码
uchar code juchi[64] = {
    0,4,8,12,16,20,24,28,32,36,40,45,49,53,57,61,65,69,73,77,81,85,89,93,97,101,
105,109,113,117,121,125,130,134,138,142,146,150,154,158,162,166,170,174,178,182,
186,190,194,198,202,206,210,215,219,223,227,231,235,239,243,247,251,255
    };                              //锯齿波取码
void delay(uint xms)                //延时函数
{
    int a,b;
    for(a = xms;a > 0;a -- )
        for(b = 110;b > 0;b -- );
}
void write_com(uchar com)           //写命令函数
{
    lcdrs = 0;
    P0 = com;
    delay(1);
    lcden = 1;
    delay(1);
    lcden = 0;
}
void write_date(uchar date)         //写数据函数
{
    lcdrs = 1;
    P0 = date;
    delay(1);
    lcden = 1;
    delay(1);
```

```c
        lcden = 0;
    }
//自定义字符集
void Lcd_ram()                          //LCD1602自定义字符,在液晶屏显示正弦、方波、三
                                        角波与锯齿波
{
    uint i,j,k = 0,temp = 0x40;
    for(i = 0;i < 7;i ++)
    {
        for(j = 0;j < 8;j ++)
        {
            write_com(temp + j);
            write_date(zifu[k]);
            k ++;
        }
        temp = temp + 8;
    }
}
void init_lcd()                         //初始化函数
{
    uchar i;
    lcden = 0;                          //默认开始状态为关使能端
    Lcd_ram();
    write_com(0x0f);
    write_com(0x38);                    //显示模式设置,默认为0x38,不用改变
    write_com(0x01);                    //显示清屏,将上次的内容清除,默认为0x01
    write_com(0x0c);                    //显示功能设置0x0c为开显示,不显光标,光标不闪
    write_com(0x06);                    //设置光标状态默认0x06,为读一个字符光标加1
    write_com(0x80);                    //设置初始化数据指针,是在读指令的操作里进行的
    for(i = 10;i < 20;i ++)             //显示初始化
    {
        write_date(table1[i]);          //显示第一行字符
    }
    write_com(0x80 + 0x40);             //选择第二行
    for(i = 0;i < 9;i ++)
    {   write_date(table1[i]);          //显示第二行字符
    }
    write_com(0x80 + 10);               //选择第一行第十个位置
    write_date(0);
    write_date(1);
```

```c
        write_date(0);
        write_date(1);
        write_date(0);
        write_date(1);                    //显示自定义的波形图案
        write_com(0x80+0x40+0x09);        //选择第二行第九个位置
        write_date(' ');
        write_date('1');
        write_date('0');
        write_date('.');
        write_date('0');
        write_date('H');
        write_date('z');                  //显示初始的频率值
}
void initclock()                          //定时器初始化函数
{
        TMOD = 0x01;                      //定时器的工作方式
        TH0 = a;
        TL0 = b;                          //定时器赋初值
        EA = 1;                           //打开中断总开关
        ET0 = 1;                          //打开定时器允许中断开关
        TR0 = 1;                          //打开定时器定时开关
}
void display()                            //显示函数
{
        uchar qian,bai,shi,ge;            //定义变量用于显示
        qian = pinlv/1000;                //将频率值拆成一位数据,除以1000,得到的商是一
                                          //  位数,赋值给 qian
        bai = pinlv%1000/100;             //将频率除以1000的余数再除以100,得到了频率的
                                          //  百位,赋值给 bai
        shi = pinlv%1000%100/10;          //同上,得到频率的十位
        ge = pinlv%1000%100%10;
        write_com(0x80+0x40+0x09);        //选中第二行第九个位置
        if(qian==0)                       //千位如果为0
        write_date(' ');                  //不显示
        else                              //千位不为0
        write_date(table[qian]);          //正常显示千位
        if(qian==0&&bai==0)               //千位和百位都为0
        write_date(' ');                  //百位不显示
        else                              //不都为0
        write_date(table[bai]);           //百位正常显示
```

```c
        write_date(table[shi]);      //显示十位数
        write_date('.');             //显示小数点
        write_date(table[ge]);       //显示个位
        write_date('H');             //显示频率的单位 Hz
        write_date('z');
        if(boxing==0)                //判断波形为正弦波
        {
            write_com(0x80+10);      //选中一行频率图案位置
            write_date(0);           //显示正弦波图案,P0口输出0,显示"⌒"
            write_date(1);           //P0口输出1,显示"⌣"
            write_date(0);
            write_date(1);
            write_date(0);
            write_date(1);
            led3=1;
            led0=0;                  //点亮正弦波指示灯
        }
        if(boxing==1)                //判断波形为方波
        {
            write_com(0x80+10);
            write_date(2);           //显示方波图案,P0口输出2,显示"方波上升沿"
            write_date(3);           //P0口输出3,显示"方波下降沿"
            write_date(2);
            write_date(3);
            write_date(2);
            write_date(3);
            led0=1;
            led1=0;
        }
        if(boxing==2)                //判断波形为三角波波
        {
            write_com(0x80+10);
            write_date(4);           //显示三角波图案,P0口输出4,显示"上升斜坡"
            write_date(5);           //P0口输出5,显示"下降斜坡"
            write_date(4);
            write_date(5);
            write_date(4);
            write_date(5);
            led1=1;
            led2=0;
```

```c
        }
        if(boxing==3)                //判断波形为锯齿波
        {
            write_com(0x80+10);
            write_date(6);           //显示锯齿波图案,P0口输出6,显示"锯齿波"
            write_date(6);
            write_date(6);
            write_date(6);
            write_date(6);
            write_date(6);
            led2=1;
            led3=0;
        }
}
void keyscan()                       //频率调节键盘检测函数
{
    if(s1==0)                        //加按键是否按下
    {
        EA=0;                        //关闭中断
        delay(2);                    //延时去抖
        if(s1==0)                    //再次判断
        {
            while(!s1);              //按键松开
            pinlv+=bujin;            //频率以步进值加
            if(pinlv>1000)           //最大加到100Hz
            {
                pinlv=100;           //100Hz
            }
            display();               //显示函数
            m=65536-(150000/pinlv);  //计算频率
```
/* 频率值最小是10Hz,计算依据如下:pinlv 初始值=100(因要显示小数点后一位),150000/100=1500,此1500是定时器需要计数的个数,单位是微秒(μs),即定时时间为1500μs,每个波形周期是由64个定时组成的,故波形周期为64×1500μs=96000μs=96ms≈100ms,就可得到10Hz频率 */
```c
            a=m/256;                 //将定时器的初值赋值给变量
            b=m%256;
            EA=1;                    //打开中断总开关
        }
    }
    if(s2==0)                        //减按键按下
```

```
        {
            delay(5);
            if(s2==0)
              {
                  EA=0;
                  while(！s2);
                  pinlv-=bujin;         //频率以步进值减
                  if(pinlv<100)
                    {
                        pinlv=1000;
                    }
                  display();
                  m=65536-(150000/pinlv);
                  a=m/256;
                  b=m%256;
                  EA=1;
              }
        }
        if(s3==0)                       //波形切换按键
          {
              delay(5);
              if(s3==0)
                {
                    EA=0;
                    while(！s3);
                    boxing++;           //波形切换
                    if(boxing>=4)       //4 种波形
                      {
                          boxing=0;
                      }
                    display();
                    EA=1;
                }
          }
    }
}
void bujindisplay()                     //步进值设置界面显示程序
{
    uint bai,shi,ge;                    //定义步进值 百十个位
    bai=bujin1/100;                     //将步进值除以 100 得到百位,即频率值的十位,因
                                        //  为有一个小数位
```

```c
        shi = bujin1%100/10;        //将步进值除以100的余数除以十得到十位
        ge = bujin1%100%10;         //取余10后得到个位,也就是频率步进值的小数点
                                    //  后一位
        write_com(0x80+11);         //选中液晶第一行第十一列
        if(bai==0)                  //百位是否为0
        write_date(' ');            //百位不显示
        else                        //百位不为0
        write_date(table[bai]);     //显示百位数据
        write_date(table[shi]);     //显示十位数据
        write_date('.');            //显示小数点
        write_date(table[ge]);      //显示个位,也就是小数点后一位
}
void bujinjiance()                  //步进值设置键盘程序
{
    if(s4==0)                       //步进设置按键按下
    {
        delay(5);                   //延时去抖
        if(s4==0)                   //再次判断按键
        {
            while(!s4);             //按键释放,按键松开才继续向下执行
            h++;                    //变量加
            if(h==1)                //进入设置状态时
            {
                write_com(0x01);            //清屏
                write_com(0x80);            //初始化显示步进设置界面
                write_date('S');delay(1);   //Step value
                write_date('t');delay(1);
                write_date('e');delay(1);
                write_date('p');delay(1);
                write_date(' ');delay(1);
                write_date('v');delay(1);
                write_date('a');delay(1);
                write_date('l');delay(1);
                write_date('u');delay(1);
                write_date('e');delay(1);
                write_date(':');delay(1);
                bujin1 = bujin;             //步进值赋值给临时变量
                bujindisplay();;            //显示步进值
            }
```

```c
        if(h==2)                        //退出设置
        {
            h = 0;                      //清零
            bujin = bujin1;             //设置好的临时步进值赋值给步进变量
            init_lcd( );                //初始化液晶显示
            initclock( );               //定时器初始化
            display( );                 //调用显示程序
        }
    }
}
if(h==1)                                //设置步进值时
{
    if(s1==0)                           //加按键按下
    {
        delay(5);                       //延时去抖
        if(s1==0)                       //再次判断
        {
            while(! s1);                //按键释放
            bujin1 ++;                  //步进值加1
            if(bujin1 >= 101)           //步进值最大100,也就是10.0Hz
            {
                bujin1 = 1;             //超过最大值就恢复到0.1Hz
            }
            bujindisplay( );            //步进显示
        }
    }
    if(s2==0)                           //减按键,注释同上
    {
        delay(5);
        if(s2==0)
        {
            while(! s2);
            bujin1 --;                  //步进减
            if(bujin1 <= 0)
            {
                bujin1 = 100;
            }
            bujindisplay( );
        }
```

第 16 章 采用 DAC0832 的波形发生器设计

```
        }
    }
}
void main()                                //主函数
{
    init_lcd();                            //调用初始化程序
    m = 65536 - (150000/pinlv);            //定时器初值
    a = m/256;
    b = m%256;
    initclock();                           //定时器初始化
    led0 = 0;                              //点亮第一个波形指示灯
    while(1)                               //进入while循环,括号内为1,一直在内
                                           //  执行
    {
        if(h == 0)                         //正常模式不是步进调节
        {
            keyscan();                     //扫描按键
    //      display();
        }

        bujinjiance();                     //扫描步进调节程序
        switch(boxing)                     //选择波形
        {
            case 0 : P1 = sin[u]; break;       //正弦波
            case 1 : P1 = juxing[u]; break;    //矩形波
            case 2 : P1 = sanjiao[u];; break;  //三角波
            case 3 : P1 = juchi[u]; break;     //锯齿波
        }
    }
}
void T0_time() interrupt 1    //定时器
{
    TH0 = a;
    TL0 = b;                   //根据不同的初值,定时器定时时间不同,达到不同频率的目的
    u++;                       //变量加
    if(u >= 64)                //一个周期采样64个点,所以加到64就清零
        u = 0;                 //u清零
}
```

16.4 仿真与实验结果

采用 DAC0832 的波形发生器 Proteus 仿真电路与仿真结果如图 16-8 ~ 图 16-10 所示，所设计的系统满足项目要求的功能。

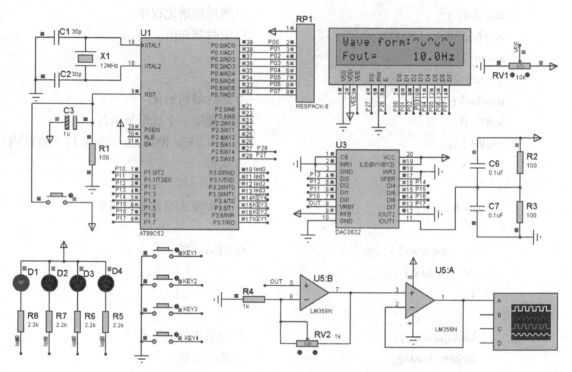

图 16-8 采用 DAC0832 的波形发生器仿真电路

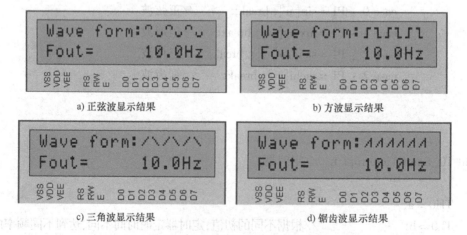

a) 正弦波显示结果　　　　　　　　　b) 方波显示结果

c) 三角波显示结果　　　　　　　　　d) 锯齿波显示结果

图 16-9 液晶模块仿真显示结果

根据图 16-2 制作了采用 DAC0832 的波形发生器多孔板实物，调试完成通电后，LCD1602 显示器可以显示与图 16-9 仿真相同的实验结果，如图 16-11 所示；用示波器测试 LM358 的 IN1 - 和地之间的波形，可以输出和图 16-10 仿真一样的波形。

第 16 章 采用 DAC0832 的波形发生器设计

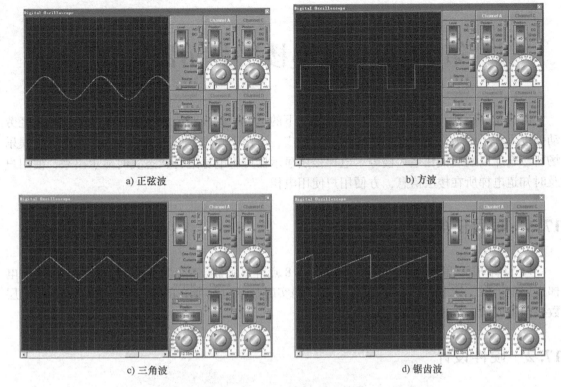

a) 正弦波　　　　　　　　　　　　b) 方波

c) 三角波　　　　　　　　　　　　d) 锯齿波

图 16-10　示波器仿真显示结果

图 16-11　采用 DAC0832 的波形发生器多孔板实验结果

第 17 章 电梯楼层显示器设计

电梯是高层建筑中安全、可靠、垂直上下的运载工具，对改善人们的生活条件、减轻劳动强度发挥了很大作用。电梯的应用范围很广，可用于宾馆、饭店、办公大楼、商场、娱乐场所、仓库以及居民住宅大楼等。电梯楼层显示器可将电梯运行状态实时显示出来，使用户及时知道电梯所在楼层信息，方便用户使用电梯。

17.1 项目任务

以 STC89C52 单片机作为核心，外接 8×8 点阵显示器、5 个独立按键，设计一个 5 层电梯楼层显示器，按下 1~5 号按键，可以分别实时显示电梯所在的楼层信息，并让电梯楼层数字向上或向下运行到所按下的楼层号。

17.2 硬件设计

（1）电路设计

电梯楼层显示器结构框图如图 17-1 所示，以 STC89C52 单片机作为核心控制器件，P0 口和 P3 口分别接 8×8 点阵显示器的 8 列和 8 行连接线。由于点阵显示器驱动电流较大，所以增加了列驱动电路，P1 口接 5 个独立按键。电梯楼层显示器电路如图 17-2 所示，其中列驱动器使用了 74LS245 驱动芯片。

（2）LED 点阵显示器介绍

LED 点阵显示器有多个品种，根据显示的颜色可分为单色、双色、三色等；根据发光强度可分为普通发光强度、高发光强度、超高发光强度等。一块 LED 点阵块的 LED 数量可有 4×4（即 4 列×4 行）、5×7、5×8、8×8 等规格；

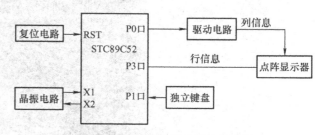

图 17-1 电梯楼层显示器结构框图

点阵中单个 LED 的直径常用的有 1.9mm、3mm、3.7mm、4.8mm、5mm、7.62mm、10mm、20mm 等。

图 17-3 为 8×8 LED 点阵显示器外观及排列示意图，共有 64 个 LED 发光二极管排列在一起。若需更大规模的 LED 点阵，只需将多个点阵块拼在一起即可。

在 LED 点阵中，LED 发光二极管按照行和列分别将阳极和阴极连接在一起，内部接线及引脚编号如图 17-4 所示，行、列编号中，括号中的内容为引脚编号（图中 LED 点阵型号为 ZS*11288）。

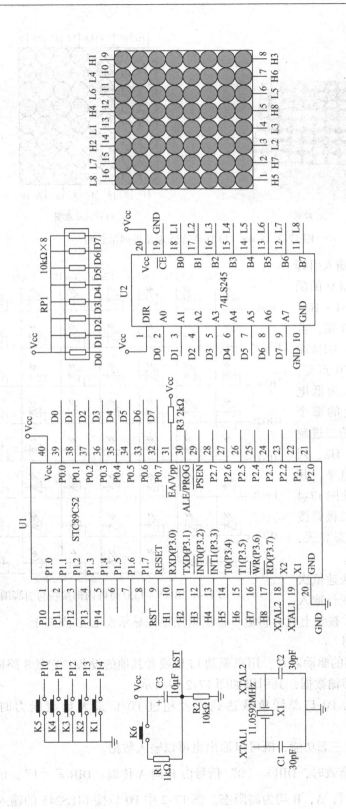

图 17-2 电梯楼层显示器电路图

a) 外观

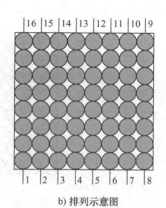
b) 排列示意图

图 17-3 8×8 LED 点阵外观及排列示意图

在图 17-4 中，列输入引脚（L1~L8）接至内部 LED 的阴极端，行输入引脚（H1~H8）接至内部 LED 的阳极端，若阳极端输入为高电平，阴极端输入低电平，则该 LED 点亮，如 H5 为高电平、L3 为低电平，两条线交叉点上的那个 LED 被点亮。若将 8 位二进制数送给行输入端 H1~H8；列输入端只有 L1 为低电平，其他为高电平，结果将使图 17-4 中最左侧的一列发光二极管按照行输入端的输入状态亮灭，其他列的 LED 均不亮。

如果使列输入线快速依次变为低电平，同时改变行输入端的内容，即列扫描，视觉上就会感觉一幅图案完整地显示在 LED 点阵上。

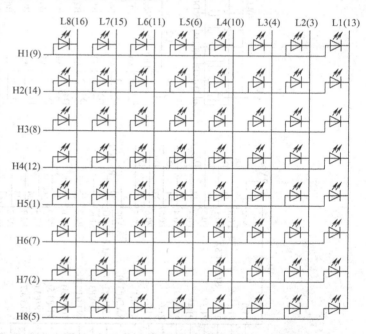

图 17-4 8×8 LED 点阵内部接线与引脚编号

(3) 74LS245 介绍

74LS245 作为常用的驱动芯片，用来驱动 LED 或者其他的设备，它是 8 路同相三态双向总线收发器，可双向传输数据，其引脚如图 17-2 中所示。

当 8051 单片机的 P0 口总线负载达到或者超过 P0 口最大负载能力时，必须接入 74LS245 等总线驱动器。

74LS245 具有双向三态功能，既可以输出也可以输入数据。

当片选 $\overline{CE}$ 低电平有效时，DIR = "0" 信号由 B 向 A 传输；DIR = "1"，信号由 A 向 B 传输，当 $\overline{CE}$ 为高电平时，A，B 均为高阻态。图 17-2 中 P0 口接 74LS245 的输入口 A0~A7。

17.3 程序设计

程序设计时，采用行扫描的形式，使点阵显示器的行线快速依次变为高电平，同时改变点阵列输入端的内容，例如点阵列端的内容依次输入为："0x00,0x3C,0x04,0x04,0x3C,0x20,0x3C,0x00"，就可以在点阵上显示2，如图17-5所示。同理可以计算出数字0~6的点阵显示代码。

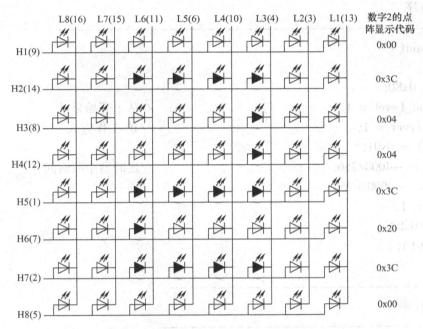

图 17-5 数字"2"的点阵显示及其代码

程序设计时，采用定时中断的方式进行按键扫描输入与点阵动态扫描输出，定时时间设为4ms，即4000μs。

设计的程序如下：

```
#include <reg51.h>              //52系列单片机头文件
#include <intrins.h>
#define uchar unsigned char
#define uint unsigned int
uchar code Table_OF_Digits[ ] =
{
0x00,0x3C,0x66,0x42,0x42,0x66,0x3C,0x00,    //数字"0"的点阵显示代码
0x00,0x08,0x38,0x08,0x08,0x08,0x3E,0x00,    //数字"1"的点阵显示代码
0x00,0x3C,0x04,0x04,0x3C,0x20,0x3C,0x00,    //数字"2"的点阵显示代码
0x00,0x3C,0x04,0x3C,0x04,0x04,0x3C,0x00,    //数字"3"的点阵显示代码
0x00,0x20,0x28,0x28,0x3C,0x08,0x08,0x00,    //数字"4"的点阵显示代码
0x00,0x3C,0x20,0x20,0x3C,0x04,0x3C,0x00,    //数字"7"的点阵显示代码
```

```c
  0x00,0x20,0x20,0x20,0x3C,0x24,0x3C,0x00,    // 数字"6"的点阵显示代码
  0x00,0x3C,0x04,0x04,0x04,0x04,0x04,0x00     //数字"7"的点阵显示代码
};
uint r = 0;
char offset = 0;
uchar Current_Level = 1,Dest_Level = 1,x = 0,t = 0;
//------------------------------------------
//主程序
//------------------------------------------
void main( )
{
  P3 = 0x80;
  Current_Level = 1;                          //从1开始显示
  Dest_Level = 1;                             //T0 工作方式
  TMOD = 0x01;
  TH0 = -4000/256;                            //定时器中断时间
  TL0 = -4000%256;
  TR0 = 1;
  IE = 0x82;
  while(1);
}
//------------------------------
// T0 中断
//------------------------------
void LED_Screen_Display( ) interrupt 1
{
  uchar i ;
  if (P1 ! =0xFF && Current_Level ==Dest_Level)//在停止滚动时,如果有按键按下,则
                                                //判断目标楼层
  {
    if (P1 == 0xFE) Dest_Level = 5;           //K5 键按下,目标层为5
    if (P1 == 0xFD) Dest_Level = 4;           //K4 键按下,目标层为4
    if (P1 == 0xFB) Dest_Level = 3;           //K3 键按下,目标层为3
    if (P1 == 0xF7) Dest_Level = 2;           //K2 键按下,目标层为2
    if (P1 == 0xEF) Dest_Level = 1;           //K1 键按下,目标层为1
  }
  TH0 = -4000/256;
  TL0 = -4000%256;
  P3 = _crol_(P3 , 1);                        //行码
  i = Current_Level * 8 + r + offset;
  P0 = ~Table_OF_Digits[i];                   //列码(用~转换共阴共阳编码)
```

```
//上升显示
 if ( Current_Level < Dest_Level )           //Current_Level 为目标层
 {
     if( ++r == 8 )                          //每个数字有 8B
     {
         r = 0;
         if ( ++x == 4 )                     //每完成 x 次刷新后后偏
         {
             x = 0;
             if ( ++offset == 8 )
             {
                 offset = 0;
                 Current_Level ++;
             }
         }
     }
 }
//下降显示
 else
 if ( Current_Level > Dest_Level )
 {
     if( ++r == 8 )                          //每个数字有 8B
     {
         r = 0;
         if ( ++x == 4 )                     //每完成 x 次刷新后前偏
         {
             x = 0;
             if ( --offset == -8 )
             {
                 offset = 0;
                 Current_Level --;
             }
         }
     }
 }
//停止滚动,保持稳定的刷新显示
 else
 {
     if( ++r ==8 )r = 0;
 }
}
```

17.4 仿真与实验结果

用 Proteus 软件对电梯楼层显示器进行了仿真，按 K1~K5 键时显示屏分别显示 1~5，按下 K4 键时的仿真结果如图 17-6 所示，说明此显示器可以模仿真实的电梯楼层显示器。

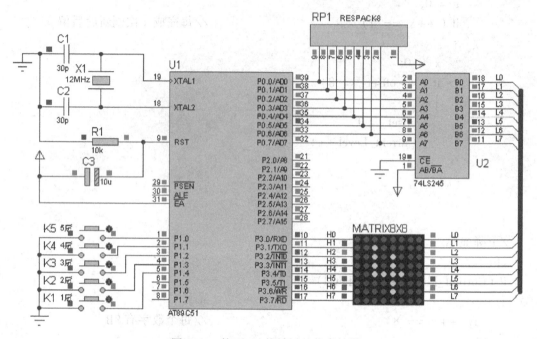

图 17-6 按下 K4 按键时的仿真结果

用 Proteus 仿真成功后，按照图 17-2 制作了电梯楼层显示器多孔板实物，将程序烧写到 STC89C52 中去，通电后，点阵显示器显示 1，按下 K4 按键，显示器上数字上行显示，从 "1" 变化到 "4"，最终稳定显示 "4"，如图 17-7 所示，与仿真结果一致，满足设计要求。

图 17-7 电梯数字显示器实验结果

第 18 章 电子密码锁设计

电子密码锁通过键盘输入一组密码来完成开锁过程,实现无钥匙解锁。电子密码锁因保密性好,广泛应用于住宅与部门的安全防范、单位的文件档案、财务报表以及一些个人资料的保存等领域。

18.1 项目任务

设计并制作一个电子密码锁,实现以下功能:
1) 能从键盘中输入密码,并相应地在显示器上显示"*";能够判断密码是否正确,正确则开锁,错误则输出相应信息,同时发出警报声。
2) 密码由程序直接设定,用户不可自己设定。

18.2 硬件设计

电子密码锁结构框图如图 18-1 所示,选用单片机 STC89C52 作为电子密码锁的核心控制器件,在单片机的外围电路接矩阵键盘,用于输入密码并实现一些控制功能,外接 LCD1602 显示模块显示开锁信息,外接继电器,用继电器常开触点闭合模拟开锁动作,外接指示灯与蜂鸣器作为密码锁开锁成功或不成功的声光提示。

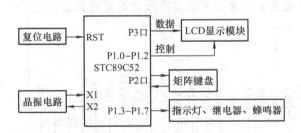

图 18-1 电子密码锁结构框图

电子密码锁电路原理图如图 18-2 所示,图中包括单片机最简应用系统、4×3 矩阵键盘、LCD1602 显示电路、继电器电路和声光指示电路。

矩阵键盘的 4 根行线接在 P2.0~P2.3 上,3 根列线接在 P2.4~P2.6 上。行线作为输出端,列线作为输入端,由于 P2 口内部有上拉电阻,无键按下时,列线输入均为高电平。确定矩阵式键盘中的哪个键被按下,采用逐行扫描查询法,依次将行线置为低电平,再逐行检测各列线的电平状态,若某列为低电平,则该列线与置为低电平的行线交叉处的按键为闭合键。若所有的列线均为高电平,则无按键按下。

LCD1602 字符型液晶显示器的数据端口接单片机的 P3 口,由单片机的 P1.0~P1.2 控制 LCD 的 RS、RW 和 E 控制端口。

· 128 ·　单片机课程设计仿真与实践指导

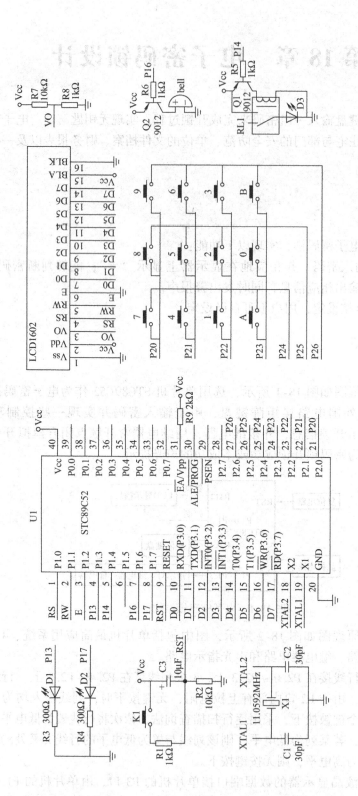

图 18-2　基于单片机的电子密码锁控制系统电路原理图

第18章 电子密码锁设计

当用户输入的密码正确时,单片机经过 P1.4 输出开锁有效的低电平信号,送到开锁驱动电路,三极管 Q1 导通,继电器 RL1 线圈得电,常开触点闭合,二极管 D3 点亮,表示开锁,同时开锁指示灯 D1 点亮。如果锁入的密码错误,单片机经过 P1.6 输出低电平信号,蜂鸣器 bell 发声,同时开锁不成功的指示灯 D2 点亮。

18.3 程序设计

程序包括主程序、键盘扫描子程序、液晶显示器程序等。主程序进行变量及端口初始化定义,调用键盘扫描子程序,将按下的键值显示在液晶屏上,并很快替换为"*",等六位密码全部输完后,进行密码匹配,如果密码正确,则液晶显示"open",同时开锁成功指示灯亮,否则液晶显示"error",同时开锁失败指示灯亮。

设计的程序如下:

```c
#include <reg51.h>
#include <intrins.h>
#define uchar unsigned char
sbit RS = P1^0;          //LCD1602 数据/命令选择位定义,将 RS 定义为 P1.0 的引脚
sbit RW = P1^1;          // LCD1602 读写选择位定义,将 RW 定义为 P1.1 的引脚
sbit EN = P1^2;          // LCD1602 使能信号位定义,将 EN 定义为 P1.2 的引脚
sbit ledg = P1^3;        //开锁指示灯定义为 P1.3 口
sbit ledr = P1^7;        //开锁失败指示灯定义为 P1.7 口
sbit relay = P1^4;       //继电器输出端定义为 P1.4 口
sbit buzz = P1^6;        //蜂鸣器输出端定义为 P1.6 口
char table0[] = "error";
char table1[] = "open";
char table2[] = "password:";
int temp,ch,m0,m1,p,n0,n1,n2,n3,n4,n5;
void    delay(int z)
{    int x,c;
    for(x = z;x > 0;x -- )
    for(c = 100;c > 0;c -- );
}
keyscan( )                              //键盘扫描子程序
{    temp = P2&0xf0;
    P2 = 0xfe;                          //扫描第 0 行
    delay(1);
    temp = P2&0xf0;
    while(temp! = 0xf0)
    {    switch(temp)
```

```c
            case 0xe0:ch = '7';break;        //第 0 行的三个键值判断
            case 0xd0:ch = '8';break;
            case 0xb0:ch = '9';break;
            default:ch = p; break;           //p 是消抖指示位
        }
        while(temp! =0xf0)                   //等待按键释放
        {   temp = P2;
            temp = temp&0xf0;
        }
    }
    P2 = 0xfd;                               //扫描第 1 行
    delay(1);
    temp = P2&0xf0;
    while(temp! =0xf0)
    {   switch(temp)                         //第 1 行的三个键值判断
        {   case 0xe0:ch = '4';break;
            case 0xd0:ch = '5';break;
            case 0xb0:ch = '6';break;
            default:ch = p;break;
        }
        while(temp! =0xf0)                   //等待按键释放
        {   temp = P2;
            temp = temp&0xf0;
        }
    }
    P2 = 0xfb;                               //扫描第 2 行
    delay(1);
    temp = P2&0xf0;
    while(temp! =0xf0)
    {   switch(temp)                         //第 2 行的三个键值判断
        {   case 0xe0:ch = '1';break;
            case 0xd0:ch = '2';break;
            case 0xb0:ch = '3';break;
            default:ch = p;break;
        }
        while(temp! =0xf0)                   //等待按键释放
        {   temp = P2;
            temp = temp&0xf0;
```

```
            }
        }
        P2 = 0xf7;                          //扫描第3行
        delay(1);
        temp = P2&0xf0;
        while(temp!=0xf0)
        {   switch(temp)                    //第3行的三个键值判断
            {   case 0xe0:ch = 'A';break;
                case 0xd0:ch = '0';break;
                case 0xb0:ch = 'B';break;
                default:ch = p;break;
            }
            while(temp!=0xf0)               //等待按键释放
            {   temp = P2;
                temp = temp&0xf0;
            }
        }
    return ch;                              //返回键值
}
void wcom(uchar com)                        //LCD1602写命令函数
{   RS = 0;
    P3 = com;
    delay(1);                               //写命令延时可以为1
    EN = 1;
    delay(1);                               //写命令延时可以为1
    EN = 0;
}
void wdat(uchar dat)                        //LCD1602写数据函数
{   RS = 1;
    P3 = dat;
    delay(1);                               //写数据延时可以为1
    EN = 1;
    delay(4);                               //写数据延时至少为4
    EN = 0;
}
void init()                                 //LCD1602初始化函数
{   EN = 0;
    wcom(0x38);
    wcom(0x0c);
```

```c
        wcom(0x06);
        wcom(0x01);
    }
    void error()                    //密码错误显示子程序
    {   char m2;
        wcom(0xc6);
        for(m2=0;m2<5;m2++)
        {
            wdat(table0[m2]);
        }
    }
    void open()                     //密码正确,开锁显示子程序
    {   char m2;
        wcom(0xc6);
        for(m2=0;m2<4;m2++)
        {
            wdat(table1[m2]);
        }
    }
    void pass()                     //密码显示
    {
        char m2;
        wcom(0x80);
        for(m2=0;m2<9;m2++)
        {
            wdat(table2[m2]);
        }
    }
    change(int m)                   //键盘数值转换为"*"显示
    {
        delay(500);
        wcom(m);
        wdat('*');
    }
    main()                          //主程序
    {
        RW=0;
        ledg=0;
        ledr=0;
```

第 18 章 电子密码锁设计

```
relay = 1;
buzz = 1;
init( );
delay(5);
pass( );
wcom(0x89);           //0x89 = 0x80 + 0x09,LCD1602 从第 1 行第 9 个字符开始显示
while(keyscan( ) == p)   //等待键盘按下
{
    delay(3);
    keyscan( );
}
wdat(keyscan( ));        //将键盘按下的数值依次写到 LCD1602 液晶屏
n0 = keyscan( );
change(0x89);
delay(10);
ch = p;
while(keyscan( ) == p)
{
    delay(3);
    keyscan( );
}
wdat(keyscan( ));
n1 = keyscan( );
change(0x8a);
ch = p;
while(keyscan( ) == p)
{
    delay(3);
keyscan( );
}
wdat(keyscan( ));
n2 = keyscan( );
change(0x8b);
ch = p;
while(keyscan( ) == p)
{
    delay(3);
    keyscan( );
```

```
        }
        wdat(keyscan( ));
        n3 = keyscan( );
        change(0x8c);
        ch = p;
        while(keyscan( ) == p)
        {
            delay(3);
            keyscan( );
        }
        wdat(keyscan( ));
        n4 = keyscan( );
        change(0x8d);
        ch = p;
        while(keyscan( ) == p)
        {
            delay(3);
            keyscan( );
        }
        wdat(keyscan( ));
        n5 = keyscan( );
        change(0x8e);
        if(n0 == '1'&&n1 == '8'&&n2 == '0'&&n3 == '1'&&n4 == '2'&&n5 == '2')
        //密码匹配成功
        {
            int m3 = 1;
            open( );          //开锁显示
            relay = 0;
            delay(3000);
            relay = 1;        //若希望继电器所接二极管在亮一段时间后熄灭,则将本行加上
            while(m3)
            {
                int m4,m5;
                ledg = 0;
                for(m4 = 200;m4 > 0;m4 -- )
                {
                    keyscan( );
                    if(keyscan( ) == 'A')      //输入"A",清除指示灯
```

```
                    {
                        m4 = 0;
                        m3 = 0;
                    }
                }
                ledg = 1;
                if( m3 != 0 )
                {
                    for( m5 = 200;m5 > 0;m5 -- )
                    {
                        keyscan( );
                        if( keyscan( ) == 'A' )
                        {
                            m3 = 0;
                        }
                    }
                }
            }
            else              //密码匹配不成功,显示错误
            {
                ledr = 1;
                error( );
                buzz = 0;
                delay( 5000 );
            }
        }
```

18.4 仿真与实验结果

电子密码锁仿真电路及结果如图 18-3 所示,按下预设的 6 位密码"180122",液晶显示器第 1 行显示:"password:******",第 2 行在中间位置显示"open",继电器后面所接的指示灯 P1.3 口所接的开锁成功指示灯亮灭闪烁,如果输入的密码不是预设的密码,则液晶第 2 行在中间位置显示"error",表示开锁失败,相应的指示灯也点亮。

按照图 18-2 制作了电子密码锁多孔板实物,如图 18-4 所示,通电后,输入预设密码"180122",LCD 显示屏上显示"open",同时指示灯亮,表示开锁成功,实验结果如图 18-4a 所示;如果输入的密码不是预设的密码,则液晶第 2 行在中间位置显示"error",相应的指示灯也点亮,蜂鸣器发声,表示开锁失败,实验结果如图 18-4b 所示。

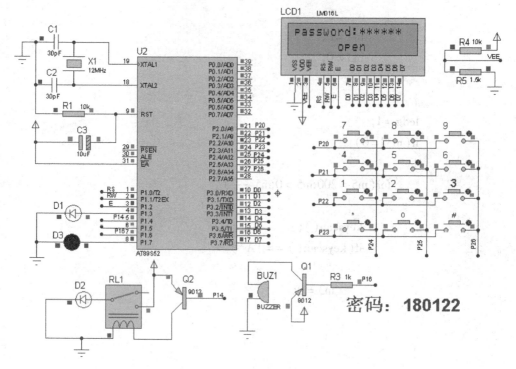

a) 开锁成功的仿真结果

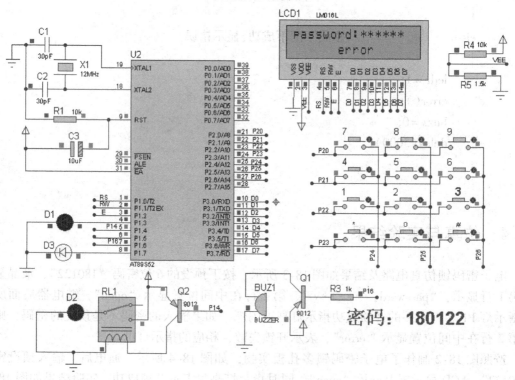

b) 开锁失败的仿真结果

图 18-3 电子密码锁仿真电路及结果

第 18 章 电子密码锁设计 ·137·

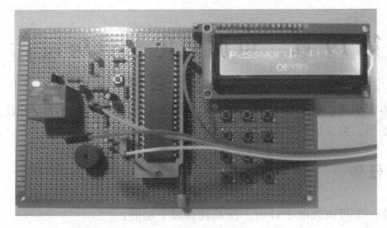

a) 开锁成功的实验结果

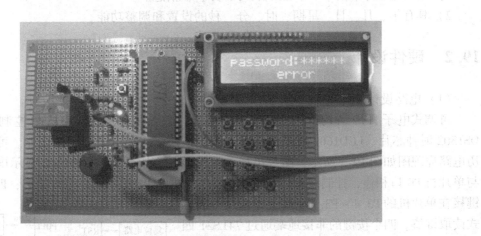

b) 开锁失败的实验结果

图 18-4 电子密码锁实物及实验结果

第 19 章 可调式电子日历设计

电子日历体积小巧,界面清爽,方便人们及时知晓当前日期和时间,广泛用于家庭、办公室、车站等场所,为人们的生活和出行提供了极大的便利。

19.1 项目任务

设计并制作一个可调式电子日历,使其具有以下功能:
1) 可以显示年、月、日、星期、时、分、秒信息。
2) 具有年、月、日、星期、时、分、秒的设置和调整功能。

19.2 硬件设计

(1) 电路设计

可调式电子日历结构框图如图 19-1 所示,以 STC89C52 单片机为控制核心,外接 DS1302 时钟芯片、LCD1602 液晶显示器与按键模块,实现电子日历的功能。可调式电子日历电路原理图如图 19-2 所示,图中包括单片机最简应用系统,LCD1602 显示电路的数据口与单片机 P0 口相连,控制线 RS、RW、E 与单片机的 P2.0~P2.2 引脚相连,四个独立式按键接在单片机的 P3.4~P3.7 引脚上,采用中断方式读取键值。四个按键的非接地端通过 74LS21 四输入与门接到单片机的外部中断0(P3.2)引脚,有键按下时,就会产生外部中断。DS1302 的 I/O、SCLK、$\overline{RST}$引脚分别接在单片机的 P1.0~P1.2 引脚上,DS1302 的 Vcc1 接 3.6V 备用电池。

(2) DS1302 简介

DS1302 是美国 DALLAS 公司推出的一种高性

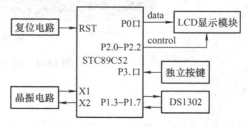

图 19-1 可调式电子日历结构框图

能、低功耗、带 RAM 的实时时钟电路,它可以对年、月、日、周、时、分、秒进行计时,具有闰年补偿功能,有效年份到 2100 年。DS1302 的工作电压为 2.5~5.5V。采用三线接口与 CPU 进行同步通信,并可采用突发方式一次传送多个字节的时钟信号或 RAM 数据,DS1302 内部有一个 31×8 的用于临时性存放数据的 RAM 寄存器。DS1302 的双电源引脚 Vcc1 和 Vcc2 分别接备用电源和 +5V 主电源,保持数据和时钟信息时,功耗小于 1mW。

DS1302 的内部结构与外部引脚分别如图 19-3a、b 所示,引脚功能如下:

Vcc1 是后备电源引脚,Vcc2 是主电源引脚,主电源关闭时,在后备电源作用下也能保持时钟的连续运行,DS1302 由 Vcc1 与 Vcc2 两者中较大者供电,GND 为接地端。

第 19 章 可调式电子日历设计

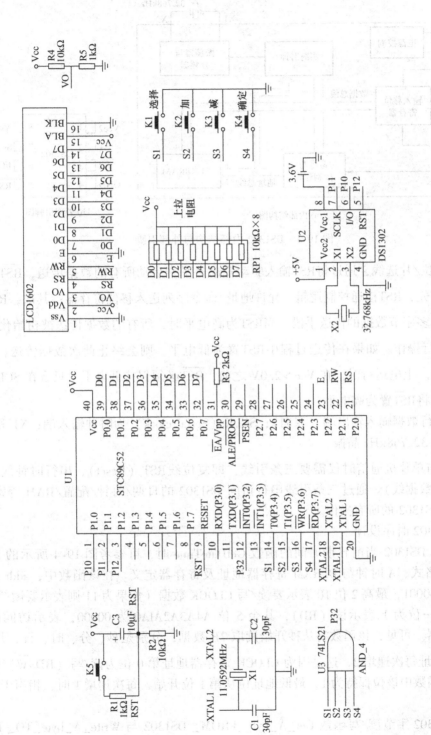

图 19-2 可调式电子日历和时钟的电路图

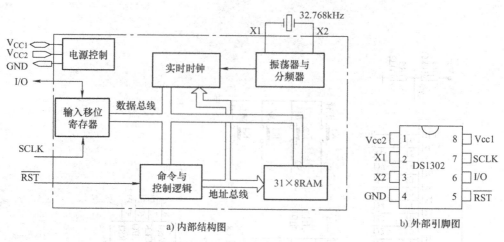

图 19-3 DS1302 内部结构与外部引脚

RST是复位/片选线,通过将RST输入驱动置高电平来启动所有的数据传送,RST输入有两种功能:首先,RST接通控制逻辑,允许地址/命令序列送入移位寄存器;其次,RST提供终止单字节或多字节数据的传送手段。当RST为高电平时,所有的数据传送被初始化,允许对DS1302进行操作。如果在传送过程中RST置为低电平,则会终止此次数据传送,I/O引脚变为高阻态。上电运行时,在 Vcc>2.0V 之前,RST必须保持低电平。只有在SCLK为低电平时,才能将RST置为高电平。

I/O为串行数据输入输出端(双向);SCLK(Serial clock)为时钟输入端;X1 和 X2 是振荡源,外接 32.768kHz 晶振。

DS1302 与单片机通信时仅需要三条引线,即复位线RST(Reset)、串行时钟线 SCLK、输出线 I/O(数据线)。通过三条引线串行访问 DS1302 的日期/时钟/配置/RAM 等寄存器,即可以实现 DS1302 的所有操作。

(3) DS1302 时序设计

编写读取 DS1302 当前日期时间的函数 GetDateTime 时,可参考图 19-4 所示的 DS1302 地址/命令字格式、A 时钟与 B. RAM 寄存器地址及寄存器定义。在该函数中,addr 初值为 0x81,即 10000001,最高 2 位 10 表示要读/写 CLOCK 数据(如果为 11 则表示要读/写 RAM 数据),最后一位为 1 表示读(RD),其余 5 位 A4A3A2A1A0 为 00000,表示访问的是秒(SEC)寄存器。可见,该函数将从秒开始读取 7B 数据,分别是秒、分、时、日、月、周、年。函数中地址每次递增2,这是因为 CLOCK 寄存器地址第 0 位为读/写(RD/$\overline{W}$)位,在 GetDateTime 函数中该位保持为1,最低地址位从第 1 位开始,每次递增1时,相当于地址递增2。

编写 DS1302 字节读/写函数 Get_A_byte_FROM_ DS1302 与 Write_A_byte_TO_ DS1302 时,可参考图 19-5 所示时序图,其上下两部分分别为读单字节、写单字节时序,图中 R/C 即 RAM/CLOCK。根据时序图可知,读/写 DS1302 时要首先写入地址,注意由低位到高位逐位写入,读取数据也是由低位到高位逐位读取。另外还要注意 DS1302 所保存的数据是 BCD

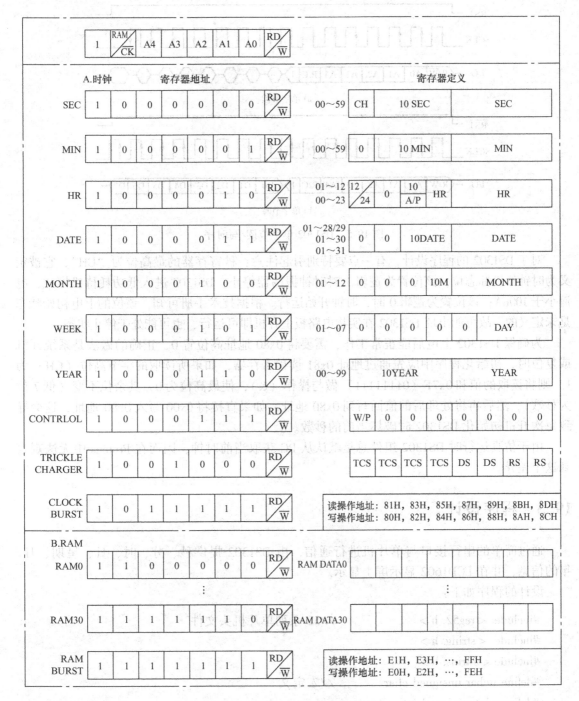

图 19-4　DS1302 地址/命令字格式

码，在读/写时要注意转换。

　　每次运行程序时，LCD 所显示的都是 PC 时间，这是因为在 DS1302 的属性设置中，默认选中了自动根据 PC 时钟初始化选项。如果取消此项（注意不能在选项中出现问号）并重新运行时，所显示的日期时间将全部为 0。

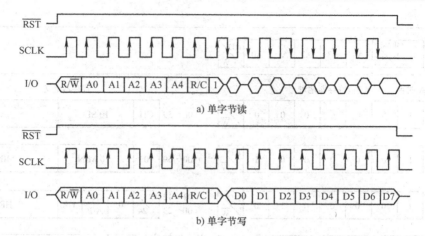

图 19-5　DS1302 单字节读/写时序

对于 DS1302 的程序设计，有一点要特别引起注意：秒寄存器的最高位为"CH"，它被定义为时钟停机标志位，该位置为逻辑 1 时时钟振荡器停止，DS1302 进入低功耗待机模式，电流小于 100nA；该位置为逻辑 0 时，时钟开始运行。根据技术手册可知，该位的上电初始状态是未定义的，故可能出现 DS1302 在实物电路板上开机即可运行，也可能处于停止状态。

为确保 DS1302 上电后能正常工作，需要将 0x80 地址高位置 0，正确的做法是系统开机或复位时，初始化程序中应先通过地址 0x81 读秒寄存器，如果所读取的字节高位（CH）为 1，则将读取的值和 0x7F（01111111）做与操作（&），使最高位为 0，其余位不变（低 7 位为秒数），然后再将处理后的值回写到 0x80 地址。如果直接将 0x00 写入 0x80 地址，这会导致每次开机初始化 DS1302 时破坏当前的秒数。

由于仿真运行时 DS1302 组件总是默认从 PC 获取当前时钟，因而在 Proteus 中无法观察到这个差异。

19.3　程序设计

通过简单的串行接口与单片机进行通信，由 DS1302 提供秒、分、时、日、星期、月、年的信息，并在 LCD1602 显示屏上显示。

设计的程序如下：

```c
#include <reg52.h>              //52 系列单片机头文件
#include <string.h>
#include <intrins.h>
#define uchar unsigned char     //宏定义
#define uint unsigned int
sbit SDA = P1^0;                // DS1302 数据线
sbit CLK = P1^1;                //DS1302 时钟线
sbit RST = P1^2;                //DS1302 复位线
sbit RS = P2^0;                 //数据命令选择端(H/L)
sbit RW = P2^1;                 //读写选择端(H/L)
```

```c
sbit EN = P2 ^ 2;              //使能信号
sbit K1 = P3 ^ 4;              // 选择
sbit K2 = P3 ^ 5;              // 加
sbit K3 = P3 ^ 6;              // 减
sbit K4 = P3 ^ 7;              // 确定
void Display_LCD_String(uchar p,uchar *s);
uchar tCount = 0;              //一年中每个月的天数,2月的天数由年份决定
uchar MonthsDays[ ] = {0,31,0,31,30,31,30,31,31,30,31,30,31};
uchar * WEEK[ ] = { "SUN","MON","TUS","WEN","THU","FRI","SAT"};
                               //周日,周一到周六
uchar LCD_DSY_BUFFER1[ ] = { "Date 00 - 00 - 00   "};//LCD 显示缓冲
uchar LCD_DSY_BUFFER2[ ] = { "Time 00 - 00 - 00   "};
uchar DateTime[7];             //所读取的日期时间
char Adjust_Index = - 1;       //当前调节的时间:秒,分,时,日,
uchar Change_Flag[ ] = "- MHDM - Y";
uchar Read_LCD_State( );
void LCD_Busy_Wait( );
void Write_LCD_Data(uchar dat);
void Write_LCD_Command(uchar cmd);
void Init_LCD( );
void Set_LCD_POS(uchar p);
void DelayMS(uint x)           //延时程序
{ uchar i;
    while( x -- )for( i = 0;i < 120;i ++ );}
uchar Read_LCD_State( )        //读 LCD1602 状态
{   uchar state;
    RS = 0;
    RW = 1;
    EN = 1;
    DelayMS(1);
    state = P0;
    EN = 0;
    DelayMS(1);
    return state;
}
void LCD_Busy_Wait( )
{
    while( ( Read_LCD_State( )&0x08 ) ==0x80 );
    DelayMS(5);
```

```c
}
void Write_LCD_Data(uchar dat)      //向 LCD1602 写数据
{
    LCD_Busy_Wait();
    RS = 1;
    RW = 0;                         //选择写数据模式
    EN = 0;
    P0 = dat;                       //将要写的数据送入数据总线
    EN = 1;                         //将使能端置给一个高脉冲
    DelayMS(1);
    EN = 0;                         //将使能端置 0 以完成高脉冲
}
void Write_LCD_Command(uchar cmd)   // 向 LCD1602 写命令
{
    LCD_Busy_Wait();
    RS = 0;
    RW = 0;                         //选择写命令模式
    EN = 0;
    P0 = cmd;                       //将要写的命令字送入数据总线
    EN = 1;                         //将使能端置给一个高脉冲
    DelayMS(1);
    EN = 0;                         //将使能端置 0 以完成高脉冲
}
void Init_LCD()                     //LCD 初始化
{
    Write_LCD_Command(0x38); DelayMS(1);
    Write_LCD_Command(0x01); DelayMS(1);
    Write_LCD_Command(0x06); DelayMS(1);
    Write_LCD_Command(0x0C); DelayMS(1);
    Display_LCD_String(0x00," dian zi ri li   ");
    DelayMS(2000);
}
void Set_LCD_POS(uchar p)
{
    Write_LCD_Command(p|0x80);
}
void Display_LCD_String(uchar p,uchar *s)
{
    uchar i;
    Set_LCD_POS(p);
    for(i = 0;i < 16;i ++)
```

```c
        {   Write_LCD_Data(s[i]);
            DelayMS(1);}
}
void DS1302_Write_Byte(uchar x)           //向 DS1302 写入 1B
    {   uchar i;
        for(i = 0;i < 8;i ++)
        { SDA = x&1;
            CLK = 1;
            CLK = 0;
            x >> = 1;
        }
    }
uchar DS1302_Read_Byte()                  //从 DS1302 读取 1B
{   uchar i,b,t;
    for(i = 0;i < 8;i ++)
    {   b >> = 1;
        t = SDA;
        b|= t << 7;
        CLK = 1;
        CLK = 0; }
    return b/16 * 10 + b%16; }
uchar Read_Data(uchar addr)               //从 DS1302 指定位置读数据
    {   uchar dat;
        RST = 0;
        CLK = 0;
        RST = 1;
        DS1302_Write_Byte(addr);
        dat = DS1302_Read_Byte();
        CLK = 1;
        RST = 0;
        return dat;}
void Write_DS1302(uchar addr,uchar dat)   //向 DS1302 指定位置写入数据
    {   CLK = 0;
        RST = 1;
        DS1302_Write_Byte(addr);
        DS1302_Write_Byte(dat);
        CLK = 0;
        RST = 0;    }
void SET_DS1302()                         //设置时间
```

```c
    {   uchar i;
        Write_DS1302(0x8e,0x00);
        for(i = 0;i < 7;i ++ )
        {
            Write_DS1302(0x80 + 2 * i,(DateTime[i]/10 << 4|(DateTime[i]%10)));
        }
        Write_DS1302(0x8e,0x80);
    }
    void GetTime()                          //读取当前时期时间
    {   uchar i;
        for(i = 0;i < 7;i ++ )
        {
            DateTime[i] = Read_Data(0x81 + 2 * i);
        }
    }
    void Format_DateTime(uchar d,uchar * a)  //时间和日期转换成数字字符
    {
        a[0] = d/10 + '0';a[1] = d%10 + '0';
    }
    uchar isLeapYear(uint y)                //判断是否为闰年
    {   return (y%4 ==0&&y%100! =0)||(y%400 ==0); }
    void RefreshWeekDay()                    //星期转换
    {
        uint i,d,w = 5;
        for(i = 2000;i < 2000 + DateTime[6];i ++ )
        {   d = isLeapYear(i)? 366 : 365;
            w = (w + d)%7; }
        d = 0;
        for(i = 1;i < DateTime[4];i ++ ) d + = MonthsDays[i];
        d + = DateTime[3];
        DateTime[5] = (w + d)%7 +1;
    }
    void DateTime_Adjust(char x)            //年月日时分秒 ++/--
    {   switch (Adjust_Index)
        {   case 6:         //年
                if(x == 1&&DateTime[6] <99) DateTime[6] ++ ;
                if(x == -1&&DateTime[6] >0)  DateTime[6] -- ;
                MonthsDays[2] = isLeapYear(2000 + DateTime[6])? 29:28;
                if(DateTime[3] > MonthsDays[DateTime[4]])
```

```c
            DateTime[3] = MonthsDays[DateTime[4]];
        RefreshWeekDay();
        break;
    case 4:        //月
        if(x == 1&&DateTime[4] < 12) DateTime[4] ++;
        if(x == -1&&DateTime[4] > 1)   DateTime[4] --;
        MonthsDays[2] = isLeapYear(2000 + DateTime[6])? 29:28;
        if(DateTime[3] > MonthsDays[DateTime[4]])
            DateTime[3] = MonthsDays[DateTime[4]];
        RefreshWeekDay();
        break;
    case 3:        //日
        MonthsDays[2] = isLeapYear(2000 + DateTime[6])? 29:28;
        if(x == 1&&DateTime[3] < MonthsDays[DateTime[4]]) DateTime[3] ++;
        if(x == -1&&DateTime[3] > 0) DateTime[3] --;
        RefreshWeekDay();
        break;
    case 2:        //时
        if(x == 1&&DateTime[2] < 23) DateTime[2] ++;
        if(x == -1&&DateTime[2] > 0)   DateTime[2] --;
        break;
    case 1:        //秒
        if(x == 1&&DateTime[1] < 59) DateTime[1] ++;
        if(x == -1&&DateTime[1] > 0)   DateTime[1] --;
        break;}
}
void T0_INT() interrupt 1            //定时器0中断,定时器每秒刷新LCD显示
{   TH0 = -50000/256;
    TL0 = -50000%256;
    if( ++tCount! =2) return;
    tCount = 0;
    Format_DateTime(DateTime[6],LCD_DSY_BUFFER1 +5);
    Format_DateTime(DateTime[4],LCD_DSY_BUFFER1 +8);
    Format_DateTime(DateTime[3],LCD_DSY_BUFFER1 +11);
    strcpy(LCD_DSY_BUFFER1 +13,WEEK[DateTime[5] -1]);
    Format_DateTime(DateTime[2],LCD_DSY_BUFFER2 +5);
    Format_DateTime(DateTime[1],LCD_DSY_BUFFER2 +8);
    Format_DateTime(DateTime[0],LCD_DSY_BUFFER2 +11);
    Display_LCD_String(0x00,LCD_DSY_BUFFER1);
```

```c
        Display_LCD_String(0x40,LCD_DSY_BUFFER2);}
void EX_INT0( ) interrupt 0        //键盘中断
{    if(K1==0)                     //选择调整对象:年,月,日,时,分,秒
    {    while(K1==0);
        if(Adjust_Index == -1 || Adjust_Index ==1) Adjust_Index =7;
        Adjust_Index --;
        if(Adjust_Index ==5)Adjust_Index =4;
        LCD_DSY_BUFFER2[13] = '[';
        LCD_DSY_BUFFER2[14] = Change_Flag[Adjust_Index];
        LCD_DSY_BUFFER2[15] = ']';}
    else if(K2==0)                 // 加
        {    while (K2==0); DateTime_Adjust(1);}
    else if (K3==0)                // 减
        {    while (K3==0); DateTime_Adjust(-1);}
    else if (K4==0)                // 确定
        {    while(K4==0);
            SET_DS1302();          //调整后的时间写入 DS1302
            LCD_DSY_BUFFER2[13] = ' ';
            LCD_DSY_BUFFER2[14] = ' ';
            LCD_DSY_BUFFER2[15] = ' ';
            Adjust_Index = -1;}
}
void main( )                       //主程序
{    Init_LCD( );                  //LCD 初始化
    IE = 0x83;                     //允许 INT0,T0 中断
    IP = 0x01;
    IT0 = 0x01;
    TMOD = 0x01;                   //设置定时器 0 为工作方式 1(M1M0 为 01)
    TH0 = -50000/256;              //装初值
    TL0 = -50000%256;
    TR0 = 1;
    while(1)
    {    if(Adjust_Index == -1)GetTime();}
}
```

19.4 仿真与实验结果

可调式电子日历仿真电路及结果如图 19-6 所示,开机后可以在 LCD 液晶显示器上显示当前的年、月、日、星期、时、分、秒等信息,按下 K1 键,选择对年、月、日、星期、

时、分、秒的设置；按下 K2 键，进行加设置；按下 K3 键，进行减设置；按下 K4 键，对设置进行确认。按照图 19-2 制作了可调式电子日历多孔板实物，如图 19-7 所示，通电后，和仿真结果一样，可以显示日期和时间信息，按下按键 K1～K4，可设置与调整时间。

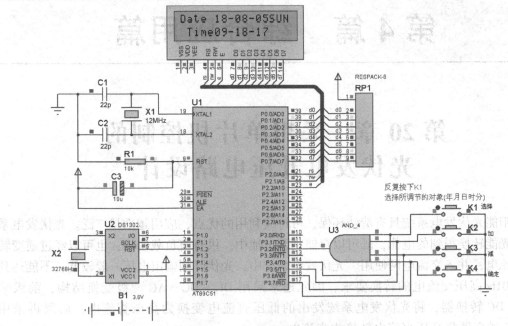

图 19-6　可调式电子日历仿真电路

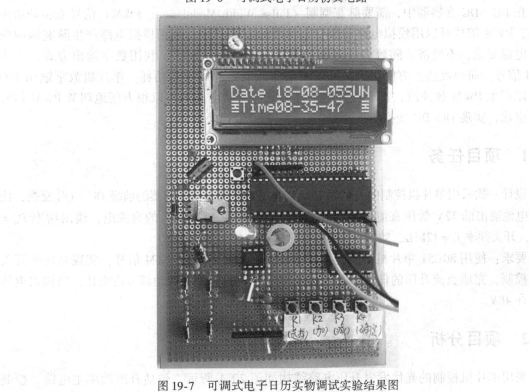

图 19-7　可调式电子日历实物调试实验结果图

第4篇 综合应用篇

第20章 采用单片机控制的光伏发电升压电路设计

太阳能光伏发电系统具有清洁环保、可持续利用的优点,应用越来越广泛。光伏发电系统中由光能转换得到的电能,既可以存储到蓄电池中,供直流负载使用,也可以经过逆变转换为交流电,并入交流电网使用。光伏发电系统中,光伏阵列输出电压一般较低,不能达到220V/50Hz高压交流电的转换要求,因此通常采用DC-DC-AC两级变换结构,前级采用DC-DC转换器,将光伏发电系统发出的低压直流电变换为高压直流电,后级再采用DC-AC逆变器将高压直流电转换为交流电。

在DC-DC变换器中,需要脉宽调制(Pulse Width Modulation,PWM)信号来驱动功率开关,PWM信号可以用模拟电路和数字电路两种方式产生。利用模拟电路产生脉宽调制信号,电路复杂、不经济。随着微处理器的发展,通过编制程序,利用数字输出方式,产生PWM信号,简单灵活,方便快捷,可以大幅降低电路的成本和功耗。单片机数字输出I/O口可以产生PWM脉冲波,再配以外部采样调理与驱动电路就可以很方便地调节PWM信号的占空比,实现DC/DC变换。

20.1 项目任务

设计一款采用单片机控制的光伏发电升压电路,实现光伏逆变器的前级DC-DC变换,使光伏电池输出的12V低压直流电(变化范围±20%)变换为48V的直流电,输出功率$P_o=50W$,开关频率$f_s=12kHz$,效率$\eta=96\%$。

要求:使用80C51单片机产生光伏发电升压主功率电路的PWM信号,实现对功率开关管的控制,完成直流升压的任务,并可根据输出电压的变化,自动调节占空比,将输出电压稳定在48V。

20.2 项目分析

采用单片机控制的光伏发电升压电路结构如图20-1所示,包括升压功率主电路、控制电路、检测与调理电路、隔离与驱动电路。

升压功率主电路可以选择图 20-2a 所示的隔离型结构，加入高频隔离变压器，实现升压与隔离，但是高频隔离变压器的加入会导致电路元器件增多，控制复杂，效率降低。为了降低电路的复杂程度，减小体积和成本，升压功率主电路可以采用图 20-2b 所示的非隔离型结构，非隔离型 DC/DC

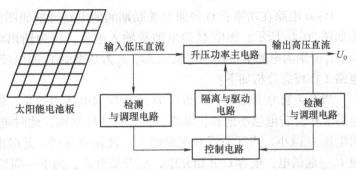

图 20-1 采用单片机控制的光伏发电升压电路结构图

升压电路一般采用 Boost 电路或其演变电路，本项目升压功率主电路即采用 Boost 电路结构。

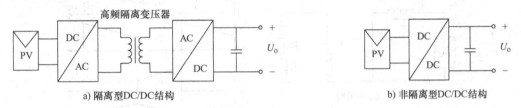

图 20-2 升压功率主电路

控制电路选用 STC89C52 作为控制核心，主要用于产生 PWM 脉冲，根据需要还可以实现其他功能，如外接 LCD 显示器显示升压前后的电压值。

采用电压反馈控制方式稳定输出电压，对输出的直流电压 U_o 进行检测后，经过调理电路变换成 A/D 转换模块能够接收的输入电压，再转换为数字量，送入单片机进行计算，发出 PWM 信号。驱动和隔离电路将单片机产生的 PWM 信号变换为 DC/DC 变换电路中功率开关的控制 PWM 信号，实现对输出电压的调节。

20.3 硬件设计

20.3.1 Boost 主电路设计

（1）电路工作原理分析

Boost 电路原理图如图 20-3 所示，由功率开关管 Q、二极管 D、电感 L 和电容 C 四个元件组成。根据电感 L 电流是否连续，Boost 电路分为电感电流连续与断续两种工作模式。在输出同样功率时，电感电流断续模式比连续模式电感电流的尖峰要高，功率开关器件电压电流应力大。对

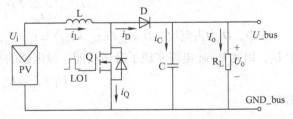

图 20-3 Boost 电路原理图

于光伏发电系统来说，电感电流断续时，光伏电池板所发能量不再向后传输，存在能量浪费现象，因此本项目 Boost 电路选择电感电流连续工作模式。

Boost 电路在功率管 Q 导通与关断期间的电路分别如图 20-4a 与 b 所示，关键物理量波形如图 20-4c 所示，图中 U_i 为电池板输入电压，U_o 为输出电压，U_Q 为开关管 Q 驱动信号，U_L、i_L 分别为电感 L 电压与电流波形，i_Q 为功率管 Q 的电流波形，i_D 为二极管 D 电流波形。电路工作模态分析如下：

当开关管 Q 导通时，二极管 D 承受反向电压而截止，能量从光伏电池板输入并储存到电感 L 中，若电感不饱和，电感电流 i_L 将线性增加，此时电阻 R_L 由电容 C 的储能供电，输出电压 U_o 减小。当开关管 Q 关断时，二极管 D 导通，此时电阻 R_L 由电感 L 的储能和光伏电池 U_i 一起供电，电容 C 开始充电，U_o 开始升高，为下一周期蓄能，电感电流 i_L 线性下降。

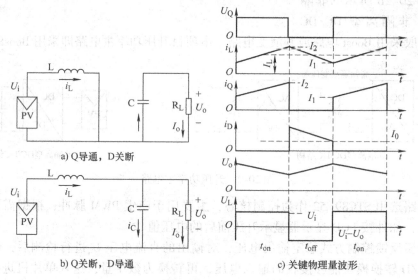

图 20-4 Boost 工作模态电路及关键物理量波形

针对图 20-4a、b，有：

$$U_i = L \frac{I_2 - I_1}{t_{on}} = L \frac{\Delta I_L}{t_{on}} \tag{20-1}$$

$$U_o - U_i = L \frac{\Delta I_L}{t_{off}} \tag{20-2}$$

式中，$\Delta I_L = I_2 - I_1$，为电感 L 中电流的变化量。根据式(20-1) 和式((20-2) 可得：

$$U_o = \frac{t_{on} + t_{off}}{t_{off}} U_i = \frac{U_i}{1-D} \tag{20-3}$$

式中，D 为占空比，$D = t_{on}/(t_{on} + t_{off}) = t_{on}/T_s$，$T_s$ 为开关周期。由于 $0 < D < 1$，U_o 一定大于 U_i，因此 Boost 电路实现了升压功能。设电感的平均电流为 I_L，根据能量守恒定律，有：

$$U_i \times I_L = U_o \times I_o \tag{20-4}$$

则有：

$$I_L = \frac{I_o}{1-D} \tag{20-5}$$

（2）Boost 电路参数设计

1）电感 L 计算。由公式(20-3) 可知，开关管 Q 的占空比 D 为：

$$D = \frac{U_o - U_i}{U_o} \tag{20-6}$$

最小占空比为：

$$D_{\min} = \frac{U_o - U_{i\max}}{U_o} = \frac{48 - 14.4}{48} = 0.7 \tag{20-7}$$

图20-4c中，电感电流临界连续时，$I_1 = 0$，此时电感L平均电流I_L为一个周期中电流三角形面积的平均值，有：

$$I_L = \frac{\frac{1}{2}(DT + (1-D)T)\Delta I}{T} = \frac{\frac{1}{2}(DT + (1-D)T)\frac{U_i}{L}DT}{T} = \frac{\frac{1}{2}U_i DT}{L} \tag{20-8}$$

由式(20-5)和式(20-8)可知，要使电感电流连续，电感L值为：

$$L > \frac{U_i D_{\min}(1 - D_{\min})T}{2I_o} = \frac{U_i D_{\min}(1 - D_{\min})}{2I_o f_s} \tag{20-9}$$

式中，f_s为功率开关管的频率，$f_s = 1/T$，取为12kHz，I_o为输出电流，$I_o = P/U_o = 50/48 = 1.04A$。因此：

$$L > \frac{U_{i\max}D_{\min}(1-D_{\min})}{2I_o f_s} = \frac{14 \times 0.7 \times (1-0.7)}{2 \times 1.04 \times 12 \times 1000} = 117.8 \times 10^{-6}H = 117.8\mu H \tag{20-10}$$

实际取L为120μH。

2）功率开关管与二极管的选择。功率开关管Q关断时漏源电压为$U_o = 48V$，导通时通过的电流为电感平均电流I_L，选择N沟道MOS管IRF540作为开关管，它在关断的时候漏源极耐压值为150V，允许的漏极最大电流为171A，导通电阻为5.9mΩ，符合电路工作要求。二极管D选择快恢复二极管U1560，它的反向耐压值为600V，最大电流为15A。

3）电容的选取。输出电容需积蓄能量，使电压恒定，因此电容选取关系到输出电压纹波大小，电容根据输出电流、开关频率和所要求的输出纹波选择，按式(20-11)选取：

$$C \geq \frac{I_{o\max}D_{\max}}{f_s \Delta U_o} \tag{20-11}$$

式中，$I_{o\max}$为最大输出电流；$D_{\max}$为最大的占空比，此处$D_{\max} = (48 - 9.6)/48 = 0.8$。$\Delta U_o$是纹波电压，可取为输出电压的1%~5%，此处取2%。

电容计算式为：

$$C \geq \frac{I_{o\max}D_{\max}}{f_s \Delta U_o} = \frac{1.04}{12 \times 1000} \times \frac{0.8}{0.02 \times 48}\mu F = 72\mu F \tag{20-12}$$

本设计选取电容C为100μF/100V。

20.3.2 控制电路设计

以单片机为核心的控制电路如图20-5所示。图中除了单片机，晶振电路和复位电路外，还使用了ADC0809芯片和74LS74芯片。单片机选用11.0592MHz晶振，由于DC/DC变换电路中功率开关的频率为千赫（kHz）级别，51单片机的ALE引脚输出频率为$1/6f_{osc}$，将ALE引脚信号经过74LS74四分频芯片接给ADC0809的CLOCK脚，CLOCK的频率为460.8kHz，满足ADC的时钟工作要求。

ADC0809的模拟输入端IN0接Boost电路的反馈输入电压，地址线A、B、C均接地。

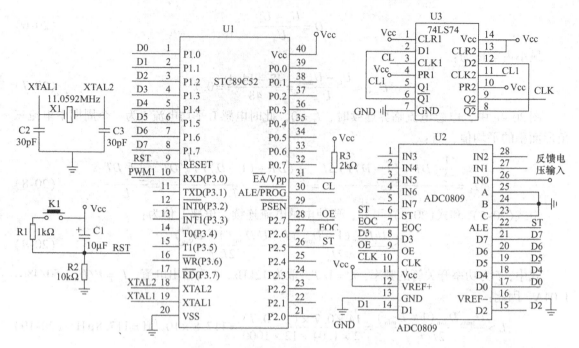

图 20-5　以单片机为核心的控制电路

ADC0809 的地址锁存控制 ALE 与转换控制 ST 接单片机的 P2.5 引脚, A/D 转换结束标志 EOC 接单片机的 P2.6 引脚, 当 A/D 转换结束时, EOC 输出高电平, A/D 转换数据输出允许控制端 OE 接单片机的 P2.7 引脚, 当 OE 输入高电平时, A/D 转换数据从端口 D0～D7 输出。

74LS74 是一个双 D 触发器集成芯片, 其功能较多, 可用作寄存器、移位寄存器、振荡器与分频计数器等功能。74LS74 芯片引脚与内部结构如图 20-6a 所示, 引脚功能如图 20-6b 所示。

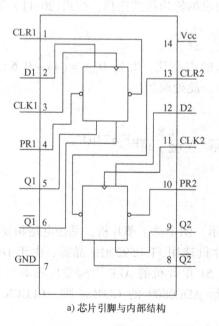

引脚号	引脚代码	引脚功能
1	CLR1	复位信号
2	D1	触发信号
3	CLK1	时钟信号
4	PR1	置位信号
5	Q1	同相位输出
6	$\overline{Q1}$	反相位输出
7	GND	地信号
8	$\overline{Q2}$	反相位输出
9	Q2	同相位输出
10	PR2	置位信号
11	CLK2	时钟信号
12	D2	触发信号
13	CLR2	时钟信号
14	Vcc	电源

a) 芯片引脚与内部结构　　　　　　　　　　　　b) 引脚功能

图 20-6　74LS74 芯片引脚与内部结构

将 74LS74 内的一个 D 触发器的Q输出端接到 D 输入端,时钟信号输入端 CLK 接时钟输入信号,每来一次 CLK 脉冲,D 触发器的状态就会翻转一次,每两次 CLK 脉冲就会使 D 触发器输出一个完整的正方波,于是就实现了 2 分频。将同一片 74LS74 上的两路 D 触发器串联起来,其中一个 D 触发器的输出作为另一个 D 触发器的时钟信号,就可实现 4 分频。图 20-5 中 STC89C52 单片机的 ALE 输出作为 74LS74 D 触发器 1 的时钟信号,D 触发器 2 的 Q2 输出就实现了对 ALE 信号的 4 分频,作为 ADC0809 的时钟信号。

ADC0809 的 IN0 采集输出电压信号送入单片机 P1 口,单片机计算后通过 P3.0 引脚送出 PWM 信号。

20.3.3 采样与调理电路设计

系统采用电压闭环控制,需对 Boost 电路输出的直流电压进行采样与调理。因为 ADC0809 的最大输入电压为 5V,故 Boost 电路输出电压需经过图 20-7 所示的分压电路进行分压限流,再经图 20-8 所示的调理电路,经 R6、R7、C5、C6 和 C7 滤波,最后经过 LM2904 放大器将采样的电压信号转换成 ADC0809 模块所能承受的电压范围,其中 D1 和 D2 的作用是将电压钳位在 0~5V,从而保护 A/D 转换模块与单片机不被烧毁。

图 20-7 分压电路

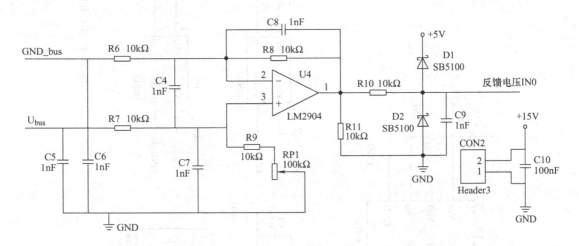

图 20-8 调理电路

20.3.4 驱动和电源电路设计

驱动和电源电路如图 20-9 所示,单片机送来的 PWM 信号经过高速光耦合器 6N137 隔离后,经过 IR2110 芯片将 PWM 信号转换成 15V 的 MOSFET 驱动信号。本项目中除了使用 +5V 电源外,还用到 3.3V、12V、15V 的电压,因此将 +5V 电源经过 B0503、B0512、B0515 转换为上述等级的电压。

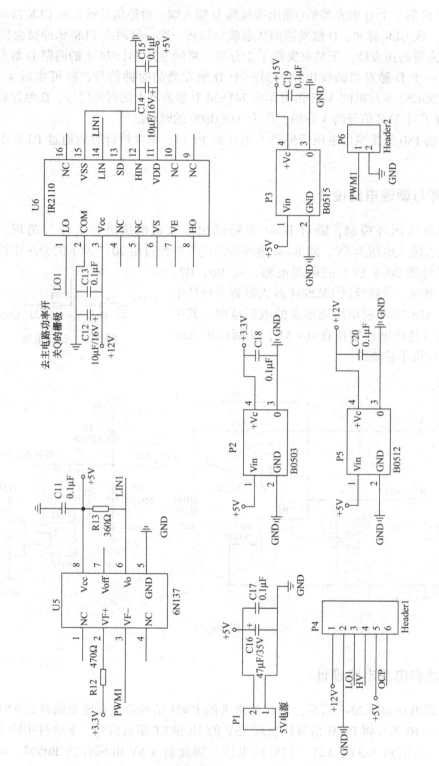

图 20-9 驱动和电源电路

20.3.5 芯片简介

(1) 6N137

光耦合器 6N137 的内部结构与引脚如图 20-10 所示。注意：在 6N137 光耦合器的电源引脚旁应有一个 0.1μF 的去耦电容。在选择电容类型时，应尽量选择高频特性好的电容器，如陶瓷电容或钽电容，并且尽量靠近 6N137 光耦合器的电源引脚；另外，输入使能引脚在芯片内部已有上拉电阻，无需再外接上拉电阻。6N137 光耦合器的使用需要注意两点：第一是 6N137 光耦合器的第 6 脚 Vo 输出电路属于集电极开路电路，必须上拉一个电阻；第二是 6N137 光耦合器的第 2 脚和第 3 脚之间是一个 LED，必须串接一个限流电阻。

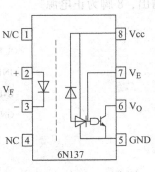

图 20-10 6N137 引脚图

(2) IR2110

IR2110 是美国国际整流器公司（International Rectifier Company）利用自身独有的高压集成电路及无门锁 CMOS 技术，开发并投放市场的大功率 MOSFET 和 IGBT 专用栅极驱动集成电路，已在电源变换、电动机调速等功率驱动领域中获得了广泛的应用。IR2110 具有下列特点：具有独立的低端和高端输入通道；悬浮电源采用自举电路，其高端工作电压可达500V；输出的电源端（3脚）的电压范围为 10 – 20V；逻辑电源的输入范围（9脚）5 ~ 15V，可方便的与 TTL、CMOS 电平相匹配，而且逻辑电源地和功率电源地之间允许有 ±5V 的偏移量；工作频率高，可达 500kHz；开通、关断延迟小，分别为 120ns 和 94ns；图腾柱输出峰值电流 2A。

IR2110 的内部结构和工作原理框图如图 20-11 所示。图中 HIN 和 LIN 为逆变桥中同一桥臂上下两个功率 MOS 的驱动脉冲信号输入端。SD 为保护信号输入端，当该脚接高电平时，IR2110 的输出信号全被封锁，其对应的输出端恒为低电平；而当该脚接低电平，IR2110 的输出信号跟随 HIN 和 LIN 而变化，在实际电路里，该端接用户的保护电路的输出。HO 和 LO 是两路驱动信号输出端，驱动同一桥臂的 MOSFET。

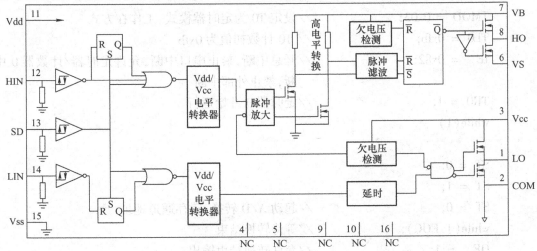

图 20-11 IR2110 内部结构图

（3）LM2904 芯片

LM2904 引脚图和内部结构图如图 20-12 所示，1 脚为输出脚，2 脚为运放的反向端，3 脚为运放的同相端，4 脚为地或负电源，5 脚为运放的同相端，6 脚为运放的反向端，7 脚为输出，8 脚为正电源。

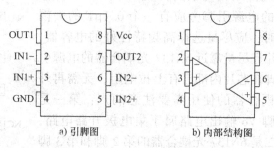

图 20-12 LM2904 引脚与内部结构

20.4 程序设计

单片机可根据反馈电压自动调节生成 Boost 电路的 PWM 波，PWM 波产生程序如下：

```
#include <reg52.h>
#define uint unsigned int
#define uchar unsigned char
sbit ST  = P2^5;         //ADC0809 启动转换标志接 P2.5
sbit EOC = P2^6;         //转换结束标志接单片机 P2.6
sbit OE  = P2^7;         //输出有效控制信号接单片机 P2.7
sbit PWM = P3^0;         //PWM 输出信号单片机接 P3.0
uchar Val,aa;
void main()
{
    TMOD = 0x03;         //设定 T0 为定时器模式,工作在方式 3
    TL0  = 0xfb;         // T0 计数初值为 0xfb
    IE   = 0x82;         //开总中断,禁止串口中断,允许定时器/计数器 0 中
                         //断,禁止外部中断
    TR0  = 1;            //定时器 0 开始运行
    while(1)
    {
        ST = 0;
        ST = 1;
        ST = 0;          //起动 A/D 转换,锁存通道地址
        while(!EOC);     //等待转换结束
        OE = 1;          //允许转换结束输出
```

```
        Val = P1 * 0.32549;         // P1 口读入主电路输出电压对应的数字量,主电路
输出 5V 电压时对应的数字量为 255;为了获得 12kHzPWM 脉冲(周期为 83μs),则定时器最
大计数值为 83,因此将 P1 口读回的数缩小为其值的 83/255 = 0.32549
        OE  = 0;                    //关闭输出允许
        aa = Val;                   // 输出的数字量送到 aa 变量寄存
    }
}
void Timer0_INT( ) interrupt 1    //中断子函数
{
    if( PWM ==1 )
    {
        TL0 = 0 - aa;               //PWM 脉冲高电平持续时间为 aa 个机器周期
    }
    if( PWM ==0 )
    {
        TL0 = aa - 83;              //PWM 脉冲低电平持续时间为(83 - aa)个机器周期
    }
        PWM = ! PWM;
}
```

20.5 仿真与实验结果

(1) 仿真结果

采用单片机控制的光伏发电升压仿真电路如图 20-13 所示,图中给出了 Boost 主电路和以单片机为核心的控制电路的仿真电路,在实际电路中必须的调理电路及隔离与驱动电路在仿真中并没有给出,因为仿真模型是理想化的,不需考虑电路未隔离或未加驱动电路带来的影响,只需验证控制电路产生的 PWM 波能否使光伏发电升压主电路产生所需要的电压。将 20.4 节程序下载进单片机,单片机 P3.0 引脚产生的 PWM 波形如图 20-14 中下面一路波形,是周期为 83μs、频率为 12kHz 的方波,在 C4 上测得的电压为 48V 直流,如图 20-14 中上面一路的直线波形,即 Boost 主电路输出电压为 48V 直流电。

(2) 实物调试与实验结果

首先焊接单片机控制的 PWM 波产生电路,焊接好后,接 5V 电,将程序烧录进单片机,检测单片机 P3.0 口是否有 PWM 脉冲输出,若有,表示单片机可正常工作;然后焊接 6N137 和 IR2110 调理电路模块,上 5V 电,用示波器检测是否成功将 PWM 波的电压升高;最后焊接主电路以及 LM2904 控制的电压采样电路。采用单片机控制的光伏发电升压电路调试成功的实物如图 20-15 所示。

Boost 主电路输入电压为 12(1 ± 20%)V 时,输出电压如图 20-16 所示,为直流 48V 电压。

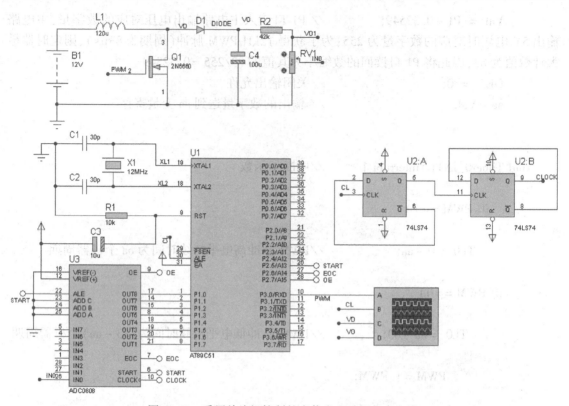

图 20-13 采用单片机控制的光伏发电升压仿真电路

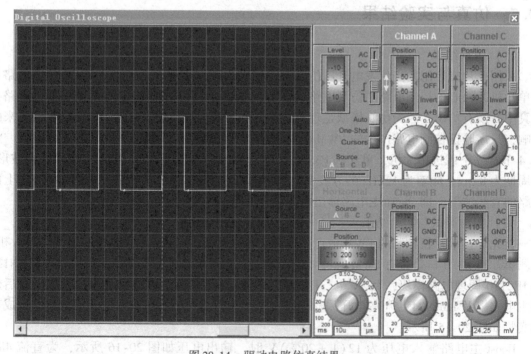

图 20-14 驱动电路仿真结果

第 20 章　采用单片机控制的光伏发电升压电路设计

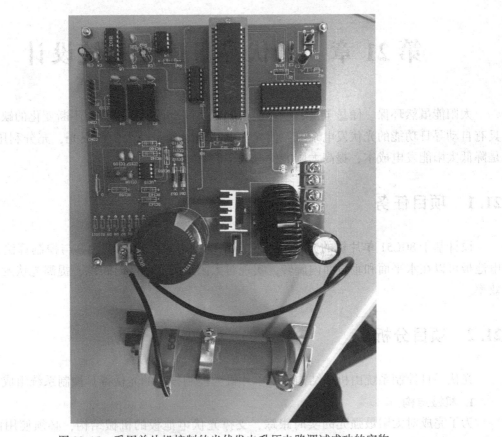

图 20-15　采用单片机控制的光伏发电升压电路调试成功的实物

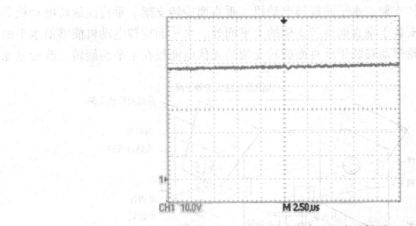

图 20-16　Boost 主电路输出电压实验结果

第 21 章 光伏寻日控制系统设计

太阳能虽然环保、储量丰富，但存在密度低、间歇性、空间分布不断变化的缺点，研制具有自动寻日功能的光伏发电系统，使光伏电池板时刻跟踪太阳最强光，充分利用太阳能，是降低太阳能发电成本，提高太阳能发电效率的有效途径。

21.1 项目任务

设计基于 80C51 单片机的光伏寻日控制系统，由单片机完成计算与控制算法，使光伏电池板可以在水平面和垂直面内旋转，实现对太阳最强光的实时跟踪，提高光伏发电系统的效率。

21.2 项目分析

光伏寻日控制系统由机械结构和以单片机为控制核心的光伏寻日控制系统组成。

1. 机械结构

为了完成对太阳最强光的实时跟踪，支撑光伏电池板的机械结构，必须使用两个电动机，并且能够在两个平面内同时旋转。双平面光伏寻日系统机械结构如图 21-1 所示，包括底座、支柱、水平面旋转支架、水平面旋转电动机、垂直面旋转支架、垂直面旋转电动机等组成部分。光伏电池板安装于垂直面旋转支架的上平面处。水平面旋转电动机能够沿水平面作圆周运动，通过大齿轮带动安装于垂直面旋转支架的光伏电池板在水平面旋转，改变电池

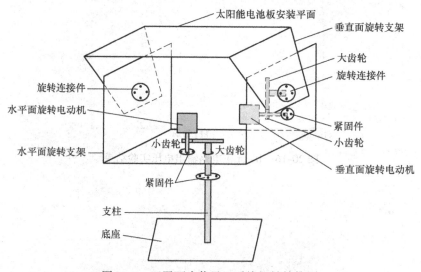

图 21-1 双平面光伏寻日系统机械结构图

板在水平面的方位角；垂直面旋转电动机沿垂直面作圆周运动，通过大齿轮带动安装于垂直面旋转支架的光伏电池板在垂直面旋转，改变电池板在垂直面的俯仰角，如此就可以达到实时跟踪太阳最强光的效果。

2. 光伏寻日控制系统硬件结构

以单片机为控制核心的光伏寻日控制系统硬件结构如图 21-2 所示，包括单片机、光检测与信号调理电路、电动机驱动电路、液晶信息显示电路、按键电路与时钟模块电路。

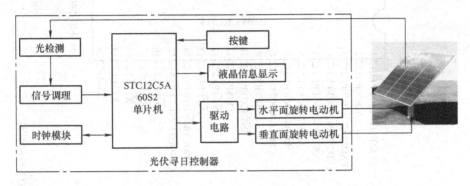

图 21-2 以单片机为控制核心的光伏寻日控制系统硬件结构图

光伏发电系统在室外全天候持续运行，要实现对水平面与垂直面旋转的两台电动机的控制，工作环境较为苛刻，因此选择 STC12C5A60S2 单片机，该单片机是 80C51 系列单片机的增强型，内含中央处理器（CPU）、程序存储器（Flash）、数据存储器（SRAM）、定时器/计数器、串口 1、串口 2、I/O 接口、高速 A/D 转换、SPI 接口、PCA、看门狗、片内振荡器和外部晶体振荡电路等模块，几乎包含了数据采集和控制所需的所有单元模块，称得上是一个片上系统。该单片机的内部结构与外部引脚分别如图 21-3a 和 b 所示。

STC12C5A60S2 与普通 51 单片机相比有以下特点：

1) 选择同样晶振的情况下，速度是普通 51 单片机的 8~12 倍；
2) 有 8 路 10 位 AD；
3) 多了两个定时器，带 PWM 功能；
4) 有 SPI 接口；
5) 有 EEPROM；
6) 有 1KB 内部扩展 RAM；
7) 有看门狗电路；
8) 多了一个串口；
9) I/O 口可以定义，有四种状态；
10) 中断优先级有四种状态可定义。

图 21-2 中光检测电路对太阳最强光位置进行检测后，检测信号经调理电路送入单片机内部的模/数转换模块，经 CPU 处理后，输出控制信号，再经驱动电路放大后，驱动水平面与垂直面的旋转电动机，实现光伏电池板的自动寻日；时钟模块自动计算时间，以实现定时跟踪与太阳能电池板的复位。

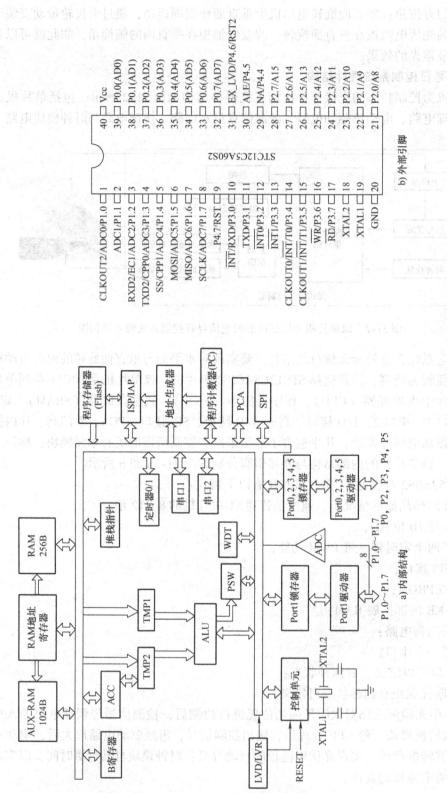

图 21-3　STC12C5A60S2 单片机的内部结构与外部引脚

21.3 硬件设计

光伏寻日控制系统电路原理图如图 21-4 所示，整个电路由单片机最简应用系统、光检测与调理电路、按键电路、驱动电路、液晶显示模块与电源电路组成。光检测电路采用光敏电阻作传感器，光敏电阻和两台步进电动机做在一个旋转部件上，形成云台。当光线照射到光敏电阻时，传感器输出的光线偏差信号传到单片机，由单片机内部的 A/D 转换电路将模拟信号转换成数字信号。单片机对数字信号进行处理后，输出控制信号到驱动电路来驱动电机转动，实现光伏寻日。液晶显示电路采用 LCD12864，显示系统运行的相关信息。按键电路用来改变光伏寻日系统的工作模式，在手动模式和自动模式之间切换，手动模式时，还可以上、下、左、右调整光伏电池板的位置。

1. 单片机最简应用系统及相关引脚连接

要使单片机工作，必须有复位电路和晶振电路，即组成单片机的最简应用系统。本项目中单片机除了最简应用系统用到的几个固定引脚外还用到以下引脚连接：P1.0~P1.3（1~4 脚）接云台光敏传感器的输出数据线，通过 P1 口的 A/D 模数转换模块采集光电信号，将输入模拟信号转换成数字信号。P1.4~P1.6（5~7 脚）接 LCD12864 液晶显示器，使液晶显示器以串行模式显示。P1.7（8 脚）接模式转换按键 Mod，按下 Mod 键可以在手动与自动模式之间切换。P3.0~P3.3（10~13 脚）与方向按键相连，手动模式时，通过这四个按键可以控制电动机转动。P3.4~P3.7（14~17 脚）接云台双轴电动机的限位开关线，用来限定电动机运动的极限位置。P0 口是控制电动机转动信号的输出端，与电动机驱动模块相连。在 P2.0~P2.1（21 和 22 脚）接了两个 LED 灯，起模式指示的作用。

2. 光检测电路

光伏寻日控制系统的关键在于太阳最强光位置的检测，因此光检测电路的设计至关重要，此处采用挡光容器与光敏电阻组成光检测器。光检测器结构如图 21-5 所示，用挡光材料设计了一个直径 6cm、高度 6cm 的圆桶形挡光容器，容器上方开一方口，四个光敏电阻置于圆桶形挡光容器的不同位置。挡光容器的作用是实现聚光保护，使光敏电阻免受环境散射光的影响，实现高精度跟踪。光敏电阻 R5~R8 置于圆桶形容器的内侧底部。安装时圆桶形挡光容器底部与太阳能电池板平面平行，安装于太阳能电池板上方即可。R5~R8 置于容器内部互差 90^0 的四个方向上，当太阳最强光线方向与电池板法线方向有夹角时，光敏电阻反应出光照照度差，经单片机处理后驱动电动机转动，当两两相对的两个光敏电阻上的光照强度相同时，两台电动机停止转动，此时太阳最强光垂直于圆桶形容器上方的方孔面，即电池板与太阳最强光线垂直。光敏电阻位置向孔深方向增加，检测精度会提高。图 21-4 中 R9~R12 为采样电阻。

3. 电源电路

电源电路为整个系统供电，是系统工作的基础。系统中所需的电源电压为直流 5V 和 12V，12V 电压取自于开关电源，用来驱动步进电动机转动，5V 电压用来为系统集成芯片电路供电，使用 LM7805 三端稳压管将 12V 电压降为 5V 电压。

4. 电动机驱动模块

光伏寻日是通过控制电动机带动光伏电池板转动，电动机可选择步进电动机和直流电动

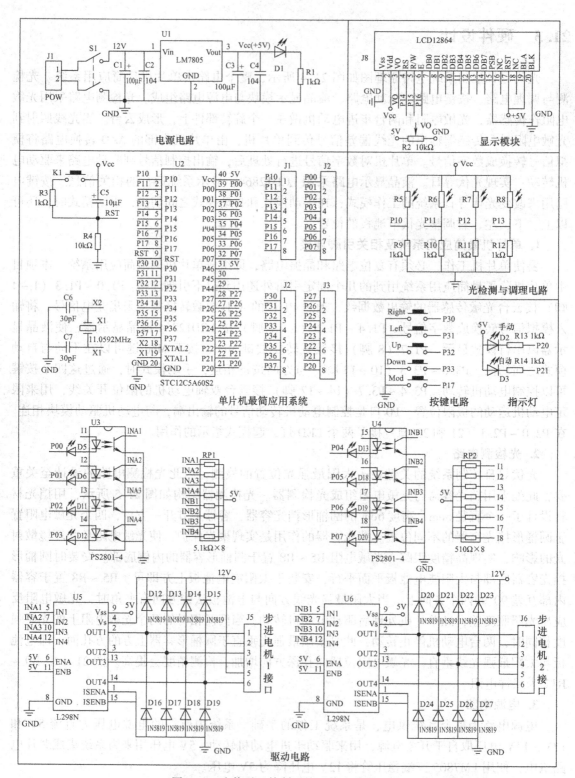

图 21-4 光伏寻日控制系统系统电路原理图

机两种。本项目使用四相六线步进电动机。要控制步进电动机转动，需要用到驱动芯片，此处采用了常见的 L298N 驱动芯片。L298N 是 ST 公司生产的一种高电压、大电流电动机驱动芯片。主要特点是：工作电压高，最高工作电压可达 46V，输出电流大，瞬间峰值电流可达 3A，持续工作电流为 2A，额定功率 25W。

L298N 内部逻辑图如图 21-6 所示，该芯片内有两个 H 桥的高电压大电流全桥式驱动器，可以用来驱动直流电动机和步进电动机、继电器线圈等感性负载，采用标准逻辑电平信号控制，具有两个使能控制端。

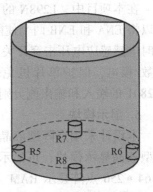

图 21-5 光检测器结构图

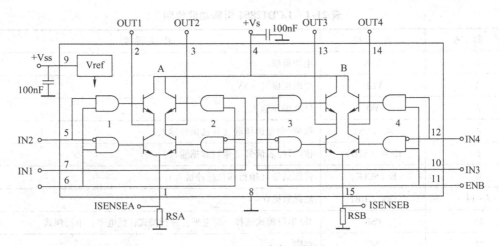

图 21-6 L298N 内部逻辑图

L298N 的引脚如图 21-7 所示。4 脚 Vs 接驱动电压，9 脚 Vss 接芯片的工作电压，8 脚接地，1 脚和 15 脚可以分别单独引出接入电流采样电阻，形成电流传感信号，也可以直接接地，2、3、13、14 脚为信号输出口，与电动机的相线相连，5、7、10、12 脚接输入控制信号，控制电动机的正反转。6 脚 ENA 和 11 脚 ENB 接控制使能端，ENA 控制 OUT1、OUT2，ENB 控制 OUT3、OUT4，高电平有效，即 ENA 和 ENB 在低电平情况下，无论输入为何信号，输出都为低电平。通过控制两个使能端，可以实现电动机的停转和变速。

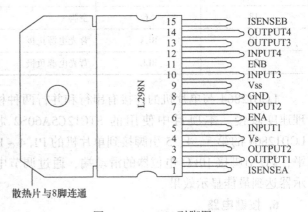

图 21-7 L298N 引脚图

L298N 芯片可以驱动两个二相步进电动机，也可以驱动一个四相步进电动机。本设计使用的是两个四相六线步进电动机，所以采用两块驱动芯片分别控制两个电动机。

在本项目中，L298N 的工作电压接 5V，驱动电压接 12V。因为电动机是匀速转动的，所以将 ENA 和 ENB 两个使能端直接接高电平 +5V。因电动机具有电感性质，为防止电源关闭时电感感应电压击穿开关元件，L298N 输出端设置了八个续流二极管来保护芯片。为了隔离数/模电，保护单片机免受损坏，还在驱动芯片的输入端接了光电耦合器 PS2801，在 PS2801 的输入和输出侧分别接了两个上拉排阻。

5. 显示模块

本设计采用点阵型液晶显示器 LCD12864。该液晶显示模块是 128×64 点阵的汉字图形型液晶显示模块，可显示汉字及图形，内置国标 GB2312 码简体中文字库、128 个字符及 64*256 点阵显示 RAM，具有光标显示、画面移位、睡眠模式等多种功能。LCD12864 的引脚功能见表 21-1。

表 21-1 LCD12864 引脚功能说明

引脚号	名称	功能说明
1	VSS	电源负极
2	VDD	电源正极（+5V）
3	VO	LCD 偏压输入
4	RS（CS）	数据/命令选择端（片选信号输入）
5	R/W（STD）	读/写控制信号（串行数据输入）
6	E（SCLK）	使能信号（串行移位脉冲输入）
7~14	DB0~DB7	液晶数据 0~7
15	PSB	并/串行模式选择，高电平：并行模式；低电平：串行模式
16	NC	空脚
17	RST	复位端
18	NC	空脚
19	BLA	背光电源正极
20	BLK	背光电源负极

LCD12864 与单片机的连接有串行和并行两种模式，串行模式所要连接的引脚少，但处理速度较慢。本项目中使用的 STC12C5A60S2 芯片对 LCD12864 采用了串行接法，将 LCD12864 的第 3、4、5 引脚接到单片机的 P1.4~P1.6，并将液晶显示器的 PSB 引脚置低电平，VO 引脚接 10kΩ 电位器的滑动端，通过调节电位器可调节液晶显示器的对比度，让显示器达到最佳显示效果。

6. 按键电路

图 21-4 中接通电源，系统初始化为手动模式，P2.0 口所接的"手动"指示灯亮，此时按下 Up、Down、Left、Right 四个按键，垂直和水平面的两个步进电动机便会相应旋转，显示器显示"手动"和运转方向。按下"Mod"按键，系统切换到自动模式，P2.1 口所接的"自动"指示灯亮，此时光敏传感器会检测光照数据，单片机处理后会自动控制两个电动机旋转，达到自动寻日的效果，显示器此时会显示"Auto"字样。

21.4 程序设计

光伏寻日控制系统主要由单片机内部的模-数转换模块采集光电信号,经单片机处理后,输出控制信号经电动机驱动电路放大后驱动电动机转动,并通过显示器显示相关信息,实现系统的自动寻日功能,程序流程如图 21-8 所示。

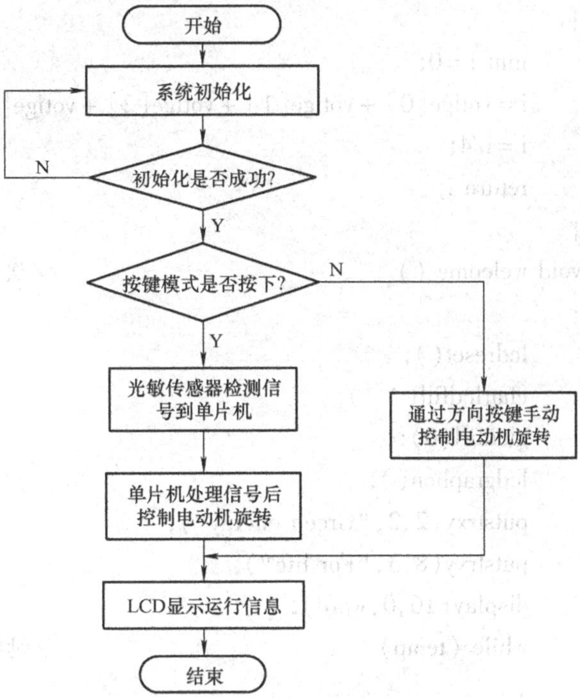

程序设计如下:

图 21-8 光伏寻日控制系统程序流程图

```
#include "main.h"
bit stat;
bit refresh;
extern bit adjust;
extern bit adjust1;
extern bit adjust2;
extern bit run_mod;
sbit led = P2 ^ 0;                       //运行状态
sbit run_run_mod = P2 ^ 1;               //自动模式指示
uchar temp = 6;
uchar sys_time = 0;
uchar second, mint, hour;
uchar time[15];
void time_count()                        //以下为时钟计数显示
{
    time[3] = hour/10 + '0';
    time[4] = hour%10 + '0';
    time[5] = ':';
    time[6] = mint/10 + '0';
    time[7] = mint%10 + '0';
    time[8] = ':';
    time[9] = second/10 + '0';
    time[10] = second%10 + '0';
    time[12] = time[0] = time[1] = time[2] = time[11] = ' ';
    time[13] = '\0';
}
uint temp_op()                           //以下为发光强度显示
```

```c
    }
        uint i = 0;
        i = votige[0] + votige[1] + votige[2] + votige[3];
        i = i/4;
        return i;
}
void welcome ( )                              //欢迎界面显示
{
    lcdreset( );
    charlcdfill(' ');
    glcdfill(0);
    lcdgraphon( );
    putstrxy(2,2,"Green energy");
    putstrxy(8,3,"For life");
    display(16,0,word);
    while (temp)                              //延时3s
    {
        if (stat)
        {
            stat = ! stat;
            temp --;
        }
    }
    temp = 6;
    lcdgraphoff( );
    glcdfill(0);                              //清屏
    charlcdfill(' ');
}
#define goup 1                                //定义各个运动方向代码
#define godown 2
#define goleft 3
#define goright 4
#define stop 0
void display_sys( )                           //显示程序
{
    uchar i = 0;
    display(0, 0, run);
    i = temp_op( );                           //发光强度显示
    if (i > 175) i = 4;                       //发光强度分等级
```

```
    else
    if (i>112)i = 3;
    else
    if (i>65)i = 2;
    else
    if (i>30)i = 1;
    else
        i = 0;
    switch (i)
                                            //几个不同的图标
    {
        case 0:display(16,0,qiangdu);break;
        case 1:display(16,0,qiangdu0);break;
        case 2:display(16,0,qiangdu1);break;
        case 3:display(16,0,qiangdu2);break;
        case 4:display(16,0,qiangdu3);break;
        default ;break;
    }
        if (moto1)                          //电动机运行方向计算
    {
        if (moto1 == goleft)display(88,16,arrowleft1);
        else display(112,16,arrowright1);
    }
    else
    {
        display(88,16,arrowleft);
        display(112,16,arrowright);
    }
    if (moto2)
    {
        if (moto2 == goup)    display(104,0,arrowup1);
        else
            display(104,32,arrowdown1);
    }
    else
    {
        display(104,0,arrowup);
        display(104,32,arrowdown);
    }
}
```

```c
bit count;                              //定时器1Hz分频标志
void add()
{
    if (count)
    {   if (second<60) second ++;
        else
        {   second = 0;
            {   if (mint<60) mint ++;
                else
                {   mint = 0;
                    if (hour<24) hour ++;
                    else hour = 0;
                }
            }
        }
        count = 0;
        time_count();
        putstrxy(0,3,time);
    }
}
bit clr;
void display_other()                    //其他方案显示
{
    if (run_mod)
    {                                   //动态闪烁显示AUTO
        if (led) putstrxy(4,0,"AUTO");
        else putstrxy(4,0,"    ");
    }
    else  display(40,0,hand);
    if (clr! = run_mod)                 //运行模式改变
    {
        clr = run_mod;
        glcdfill(0);                    //清除屏幕上不同状态的文字图案
        charlcdfill(' ');
    }
}
void main()                             //主函数
{
    int_sys();                          //初始化系统
```

```c
        welcome();                              //显示欢迎界面
        while(1)
        {
            if(run_m())run_mod = ! run_mod;     //运行模式按键有效按下
            action();                           //电动机按照指定方式运行
            if(stat)                            //系统分频
            {
                stat = ! stat;
                display_sys();                  //显示电动机运行状态以及系统运行模式
                led = ! led;
                display_other();
                send_votige();                  //发出测得的数据
            }
            add();                              //时钟加
        }
}
uchar count_1;
void Timer0Interrupt(void) interrupt 1          //定时器中断程序
{
    TH0 = 0x44;
    TL0 = 0x80;
    if(! count_1)
    {   count_1 = 250;
        count = 1;
    }
    else count_1 -- ;
    run_run_mod = ! run_mod;                    //系统运行模式,手动或自动,运行状态送
                                                //  到LED
    if(! sys_time)                              //* 系统运行时钟***0.5s
    {
        sys_time = 80;
        stat = 1;
    }
    else  sys_time -- ;
    moto_run();                                 //步进电动机在moto.c中
}
#include "STC_NEW_8051.h"                       //电动机控制程序
#include <intrins.h>
#include "moto.h"
```

```c
#define uchar unsigned char
#define uint unsigned int
#define goup 1                          //定义各个运动方向代码
#define godown 2
#define goleft 3
#define goright 4
#define stop 0
uchar  moto1,moto2;                     //定义两个电动机状态变量
extern uint votige[4];                  //声明数组
#define downv   votige[0]               //用于存储当前各通道电压
#define rightv  votige[1]
#define leftv   votige[2]
#define upv     votige[3]
sbit rightk  = P3 ^ 0;                  //定义按键接口
sbit leftk  = P3 ^ 1;
sbit downk  = P3 ^ 3;
sbit upk    = P3 ^ 2;
void key()                              //方向按键判断,动作执行
{
    if (leftk ==0) moto1 = goleft;
    else if (rightk ==0) moto1 = goright;
        else   moto1 =0;
    if (upk ==0) moto2 = goup;
    else if (downk ==0) moto2 = godown;
        else   moto2 =0;
}

bit adjust;                             //自动状态手动状态下运行方向判断
bit adjust1;
bit adjust2;
bit run_mod;                            //运行状态
void action()
{
    if (run_mod)
    {
        uint temp ;
        if (rightv > leftv) temp = rightv - leftv;
        if (rightv < leftv) temp = leftv - rightv;
        if (temp > 15) adjust = 1;
```

```c
        if (adjust)
        {
            if (temp < 10)
                adjust = 0;
            if (rightv > leftv) moto1 = goleft;
            if (rightv < leftv) moto1 = goright;
        }
        else moto1 = 0;
        if (downv > upv) temp = downv - upv;
        if (downv < upv) temp = upv - downv;
        if (temp > 15) adjust1 = 1;
        if (adjust1)
        {
            if (temp < 10) adjust1 = 0;
            if (downv > upv) moto2 = goup;
            if (downv < upv) moto2 = godown;
        }
    else moto2 = 0;
    }
    else key();
}
sbit moto_up    = P3 ^ 5;           //定义限位开关引线接口,高电平有效
sbit moto_down  = P3 ^ 4;
sbit moto_left  = P3 ^ 6;
sbit moto_right = P3 ^ 7;
sbit a = P0 ^ 0;                    //定义步进电动机引线接口
sbit b = P0 ^ 2;
sbit c = P0 ^ 1;
sbit d = P0 ^ 3;
sbit e = P0 ^ 4;
sbit f = P0 ^ 6;
sbit g = P0 ^ 5;
sbit h = P0 ^ 7;
void moto_run()
{
    static uchar i,j;
    if (moto_down)                  //当限位开关有效(高电平)
    {
        if (moto2 == godown)        //并且电动机向限位方向运行
```

```
            moto2 = stop;                //将电动机运行状态设为停止运行
    }
    if ( moto_up )
    {   if ( moto2 == goup) moto2 = stop;}
    if ( moto_left )
    {   if ( moto1 == goleft) moto1 = stop;}
    if ( moto_right )
    {   if ( moto1 == goright) moto1 = stop;}
    if ( moto1 )
    {
        if ( moto1 == goright) i ++ ;
        else    if ( moto1 == goleft) i -- ;
        i = i%8;
         switch ( i )
         {
            case 0: a =0;b = 1;c = 1;d = 1;break;
            case 1: a =0;b = 0;c = 1;d = 1;break;
            case 2: a =1;b = 0;c = 1;d = 1;break;
            case 3: a =1;b = 0;c = 0;d = 1;break;
            case 4: a =1;b = 1;c = 0;d = 1;break;
            case 5: a =1;b = 1;c = 0;d = 0;break;
            case 6: a =1;b = 1;c = 1;d = 0;break;
            case 7: a =0;b = 1;c = 1;d = 0;break;
            default :break;
         }
    }
    else{ a = b = c = d = 1;}
    if ( moto2 )
    {
        if ( moto2 == goup) j -- ;
        else    if ( moto2 == godown) j ++ ;
        j = j%8;
         switch ( j )
         {
            case 0: e =0;f = 1;g = 1;h = 1;break;
            case 1: e =0;f = 0;g = 1;h = 1;break;
            case 2: e =1;f = 0;g = 1;h = 1;break;
            case 3: e =1;f = 0;g = 0;;h = 1;break;
            case 4: e =1;f = 1;g = 0;h = 1;break;
```

```
                    case 5: e =1;f =1;g =0;h =0;break;
                    case 6: e =1;f =1;g =1;h =0;break;
                    case 7: e =0;f =1;g =1;h =0;break;
                    default :break;
            }
        }
        else {e = f = g = h = 1;}
}
#include "STC_NEW_8051.h"                    // AD 子程序
#include "AD.h"
#include <intrins.h>
#define uchar unsigned char
#define uint unsigned int
#define downv    votige[0]
#define rightv   votige[1]
#define leftv    votige[2]
#define upv      votige[3]
uint votige[4];                               //用于存储当前各通道电压
#define FOSC 18432000L                        // AD 中断配置
#define U8 unsigned char
#define U16 unsigned int
#define ADC_POWER   0X80
#define ADC_FLAG    0X10
#define ADC_START   0X08
#define ADC_SPEEDLL 0X00
#define ADC_SPEEDL  0X20
#define ADC_SPEEDH  0X40
#define ADC_SPEEDHH 0X60
void AD_SET()                                 //初始化
{
    P1ASF = 0x0f;
    ADC_RES = 0;
    ADC_CONTR = ADC_POWER|ADC_START|ADC_SPEEDLL;
    EA = 1;
    EADC = 1;
    _nop_();
    _nop_();
}
uchar chanel =0;
```

```c
void ADC_isr( ) interrupt 5 using 1           //中断程序
{
    votige[chanel] = (ADC_RES * 4) | (ADC_RESL&0X03);
    ADC_CONTR& = ! ADC_FLAG;
    ADC_CONTR = ADC_START| ADC_SPEEDLL| chanel;
    chanel ++ ;
    chanel% =4;
    ADC_CONTR |= ADC_POWER;
}
```

12864 显示程序

```c
include "STC_NEW_8051.h"
#include <intrins.h>
#include "12864.h"
#define uchar unsigned char
#define uint unsigned int
sbit CSPIN   = P1^4;          // CS 对应单片机引脚 pin4
sbit STDPIN  = P1^5;          // STD 对应单片机引脚 pin5
sbit SCLKPIN = P1^6;          // SCLK 对应单片机引脚 pin6
unsigned char CXPOS;          //列方向地址指针(用于 charlcdpos 子程序)
unsigned char CYPOS;          //行方向地址指针(用于 charlcdpos 子程序)
unsigned char FCHARBUF;       //上一个显示的 ASCII 字符
unsigned char GXPOS;          //列方向地址指针(用于 glcdpos 子程序)
unsigned char GYPOS;          //行方向地址指针(用于 glcdpos 子程序)
void delay3ms(void)           //延时 3ms 子程序
{
    unsigned char a,b,c;
    for(c =21;c >0;c -- )
        for(b =122;b >0;b -- )
            for(a =2;a >0;a -- );
}
//功能:送 1 位数据到液晶显示控制器
void transbit(bit d)          //送 1 位数据到液晶显示控制器子程序
{
    _nop_( );
    _nop_( );
    STDPIN = d;               //先送数据到数据口线 DI
    _nop_( );
    _nop_( );
    SCLKPIN = 0;              //再使时钟口线发一个负脉冲
```

```c
        _nop_();
        _nop_();
        SCLKPIN = 1;
        _nop_();
        _nop_();
        SCLKPIN = 0;
}
//功能:送1B数据到液晶显示控制器
void transbyte(unsigned char d)        //送1B数据到液晶显示控制器子程序
{
    unsigned char i = 0;
    for(i = 0;i < 8;i ++ )
    {   if((d&0x80) == 0x80)
            transbit(1);
        else
            transbit(0);
        d <<= 1;                       //从高到低位送字节位数据到液晶显示控制器
    }
}
//功能:向液晶显示控制器送指令
void lcdwc(unsigned char c)            //向液晶显示控制器送指令
{
    CSPIN = 1;                         //片选使能
    transbyte(0xf8);                   //SYNCODE = 0F8H,RW = 0,RS = 0,D0 = 0
    transbyte(c&0xf0);                 //送高四位数据,低四位补零
    transbyte((c&0x0f) << 4);          //送低四位数据
    CSPIN = 0;                         //片选禁止
}
//功能:向液晶显示控制器写图形数据
void lcdwd(unsigned char d)            //向液晶显示控制器写数据
{
    CSPIN = 1;                         //片选使能
    transbyte(0xfa);                   //SYNCODE = 0F8H,RW = 0,RS = 1,D0 = 0
    transbyte(d&0xf0);                 //送高四位数据,低四位补零
    transbyte((d&0x0f) << 4);          //送低四位数据
    CSPIN = 0;                         //片选禁止
}
//功能:开启LCD显示
void lcdon(void)                       //LCD显示开启子程序
{   lcdwc(0x30);                       //设置为基本指令集
```

```c
        lcdwc(0x0c);
}
//功能:关闭 LCD 显示
void lcdoff(void)                   //LCD 显示关闭子程序
{       lcdwc(0x30);                //设置为基本指令集
        lcdwc(0x08);
}
//功能:开启绘图区域显示
void lcdgraphon(void)               //绘图区域显示开启子程序
{       lcdwc(0x36);
        lcdwc(0x30);                //恢复为基本指令集
}
//功能:关闭绘图区域显示
void lcdgraphoff(void)              //绘图区域显示关闭子程序
{       lcdwc(0x34);
        lcdwc(0x30);                //恢复为基本指令集
}
//液晶显示控制器初始化子程序
void lcdreset(void)
{       lcdwc(0x33);                //接口模式设置
        delay3ms();                 //延时 3ms
        lcdwc(0x30);                //基本指令集
        delay3ms();                 //延时 3ms
        lcdwc(0x30);                //重复送基本指令集
        delay3ms();                 //延时 3ms
        lcdwc(0x01);                //清屏控制字
        delay3ms();                 //延时 3ms
        lcdon();                    //开显示
        charlcdfill(' ');
}
//功能:设置坐标点(CXPOS,CYPOS)位置对应的内部 RAM 地址
void charlcdpos(void)               //设置坐标点(CXPOS,CYPOS)内部 RAM 地址
                                    //  的子程序
{       unsigned char ddaddr = 0;
        CXPOS& = 0xf;               //X 位置范围(0~15)
        ddaddr = CXPOS/2;
        if(CYPOS == 0)              //(第一行)X:第 0----15 个字符
            lcdwc(ddaddr|0x80);     // DDRAM: 80----87H
        else if(CYPOS == 1)         //(第二行)X:第 0----19 个字符
```

```c
        lcdwc(ddaddr|0x90);             // DDRAM：90 ---- 07H
    else if(CYPOS == 2)                 //（第三行）X：第 0 ---- 19 个字符
        lcdwc(ddaddr|0x88);             // DDRAM：88 ---- 8FH
    else                                //（第四行）X：第 0 ---- 19 个字符
        lcdwc(ddaddr|0x98);             // DDRAM：98 ---- 9FH
}
//功能：设置(GXPOS,GYPOS)对应绘图区域内部 RAM 指针
void glcdpos(void)                      //写入绘图区域内部 RAM 指针子程序
{
    lcdwc(0x36);                        //扩展指令集
    lcdwc((GYPOS&0x1f)|0x80);           //先送 Y 地址
    if(GYPOS >= 32)                     //再送 X 地址
        lcdwc((GXPOS/16+8)|0x80);
    else
        lcdwc((GXPOS/16)|0x80);
    lcdwc(0x30);                        //恢复为基本指令集
}
//功能：置字符位置为下一个有效位置
void charcursornext(void)               //置字符位置为下一个有效位置子程序
{
    CXPOS++;                            //字符位置加 1
    CXPOS& = 0x0f;                      //字符位置 CXPOS 的有效范围为(0~15)
    if(CXPOS == 0)                      //字符位置 CXPOS=0 表示要换行
    {   CYPOS++;                        //行位置加 1
        CYPOS& = 0X3;                   //字符位置 CYPOS 的有效范围为(0~3)
    }
}
//功能：在(XPOS,YPOS)位置写单个字符点阵，若 c>128 表示为中文字符，否则为西文字符
void putchar(unsigned int c)            //定位写字符子程序
{   if(c>128)                           //字符码大于 128 表示为汉字
    {   if((CXPOS&0x1)==1)              //写汉字时，CXPOS 字符位置在奇数位置，则
        {   lcdwd(' ');                 //自动补添一个空格对齐后再显示汉字
            charcursornext();           //置字符位置为下一个有效位置
        }
        charlcdpos();
        if((c&0xff00)==0xff00)          //若高位字节为 0FFH 则表示为自定义字符
            c = 0xffff - c;             //则转换为 ST7920 的字符码
        lcdwd(c/256);                   //写高位字符
        charcursornext();
```

```c
            lcdwd(c&0xff);              //写低位字符
            charcursornext();
        }
    else                                //字符码小于128 表示为ASCII 字符
        {   charlcdpos();
            if( (CXPOS&0x1)==1 )        //写ASCII 字符时,CXPOS 字符位置在奇数位置,则
                {   lcdwd(FCHARBUF);    //重新写高位字符缓冲区内容
                    lcdwd(c);
                }
            else
                {   lcdwd(c);           //写ASCII 字符时,CXPOS 字符位置在偶数位置,则
                    FCHARBUF = c;       //直接写入,并保存当前字符到高位字符缓冲变量
                    lcdwd(' ');         //同时自动补显一个空格
                }
            charcursornext();           //置字符位置为下一个有效位置
        }
}
//功能:写字符串点阵,若*s=0 表示字符串结束
void putstr( unsigned char *s )         //显示字符串子程序,字符码为0 时退出
{   unsigned int c = 0;
    while(1)
    {   c = *s;
        s++;
        if(c==0)break;
        if(c<128)
            putchar(c);
        else
            {   putchar(c*256+*s);
                s++;
            }
    }
}
//功能:在(cx,cy)字符位置写字符串
void putstrxy(unsigned char cx,unsigned char cy,unsigned char *s)
{                                       //在(cx,cy)字符位置写字符串子程序
    CXPOS = cx;                         //置当前X 位置为cx
    CYPOS = cy;                         //置当前Y 位置为cy
    putstr(s);
}
```

```c
//功能:整屏显示 C 代表的 ASCII 字符
void charlcdfill( unsigned int c )          //整屏显示 C 代表的 ASCII 字符子程序
{   for( CXPOS = CYPOS =0;1;)
    {   putchar(c);                         //定位写字符
        if(((CXPOS==0)&&(CYPOS==0))break;
    }
}
void glcdfill( unsigned char d )            //整屏显示 d 代表的字数据子程序
{   unsigned char i =0;
    GXPOS =0;
    GYPOS =0;
    while( GYPOS <64)
    {   glcdpos( );
        for( i =0;i <16;i ++ )
            lcdwd(d);
        GYPOS ++ ;
    }
    GYPOS =0;
}
void display( uchar addx,uchar addy,uchar *s)   //某一位置开始写一图片
{
    uchar xsize,ysize,num,xx,yy,ii;
    xsize =0;
    ysize =0;
    num =0;
    xx = yy = ii =0;
    xsize = *s;
    s ++ ;
    ysize = *s;
    s ++ ;
    num = *s;
    s ++ ;
    while( num -- )
    {   for( yy =0;yy < ysize;yy ++ )
        {   for ( xx =0;xx < xsize;)
            {   if((xx&0x08)==0)
                {   GXPOS = addx + xx + ii *xsize;
                    GYPOS = addy + yy;
                    if( GXPOS/128)
```

```
                    {
                        GXPOS% =128;
                        GYPOS ++;
                        GYPOS% =64;
                    }
                    glcdpos();
                }
                lcdwd(*s);
                s++;
                xx+ =8;
            }
        }
        ii++;
    }
}
```

21.5 调试和实验结果

按照图 21-4 制作了光伏寻日控制系统实物,如图 21-9 所示,具体的调试步骤如下:

图 21-9 光伏寻日控制系统实物

(1) 上电前检查

首先焊接完成电路,在上电调试前,仔细检查电路的连线是否正确。

(2) 通电检查

先调试好电路所需要的电压,随后给电路通上电源。电路上电后,首先检查电路是否有异常现象,如冒烟、有异常气味、元器件是否发烫等。如果有,则立即将电路电源切断,待故障解决后,才可以重新给电路上电。然后,测量每个元器件的引脚电压是否正常,以确保元器件正常工作。

(3) 分块调试

分块调试时应明确实物所要达到的要求,按照要求调试实物的性能或者观察实物产生的波形。调试顺序按信息流向进行,这样可以把前面调试过的输出信号作为后一级的输入信号,为最后的整机联调创造条件。

(4) 整机联调

整机联调时需要注意各模块电路前后各级之间的信号关系,主要观察动态结果,检查电路的性能和参数,分析实物的运行状态或生成数据和波形是否实现了设计要求。

实验结果:本项目有两种模式,一种是手动控制,另一种是自动控制。两种模式中,手动控制比较简单,能实现手动控制,自动控制也就可以实现了。手动控制时按下上、下、左、右四个按键,能控制云台上、下、左、右转动,部分实验结果显示如图 21-10～图 21-12 所示。

图 21-10 手动控制调试

图 21-11 自动控制调试

图 21-12 自动模式时显示器图像显示

第22章 风速风向测量仪设计

风速风向测量仪可以方便、迅速地测定外界环境的风速与风向,可用于建筑机械、铁路、港口、码头、电厂、气象、索道、环境、温室、养殖等领域,为人们的生产和生活带来便利。

22.1 项目任务

以 80C51 单片机为控制核心,设计并制作风速风向测量仪,实现下列功能:
1) 对当前的风速、风向与温度进行实时测量,并在液晶显示器上实时更新显示;
2) 当风速超过预设值时,能够提供警报。

22.2 硬件设计

1. 电路设计

风速风向测量仪总体结构如图 22-1 所示,以 STC89C52 单片机为控制核心,外接风速风向传感器、A/D 转换器、温度传感器、报警电路、独立按键电路和 LCD 显示模块六个部分,通过风速风向传感器采集风速与风向数据,通过温度传感器采集温度数据,将采集的模拟量数据传输给 A/D 转换器,将模拟信号转化为数字信号,送入单片机进行处理,最后在液晶显示屏中显示出来。

风速风向测量仪具体电路如图 22-2 所示,风速传感器 QS-FS01 与风向传感器 QS-FX01 测得的数据分别传输到 A/D 转换器 TLC2543 的 IN0 和 IN1 引脚,TLC2543 的控制引脚及数据引脚与单片机的 P1.0~P1.4 引脚相连,液晶显示器的数据口与单片机 P0 口相连,温度传感器 DS18B20 数据口与单片机 P3.2 口相

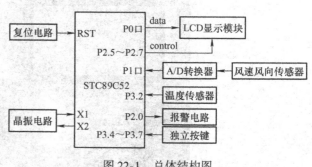

图 22-1 总体结构图

连,报警电路与单片机 P2.0 口相连,四个独立式按键与单片机 P3.4~P3.7 引脚相连。

风速传感器与风向传感器需要 12V 直流电源供电,12V 直流电来自于开关电源,再经过 7805 稳压模块转换成为 5V 的直流电,给单片机、液晶与 TTL 集成芯片电路供电。

2. 风速与风向传感器

需要对室外 16 个方位的风向和风速进行测量,所以需要选择非常精准的传感器。

第22章 风速风向测量仪设计

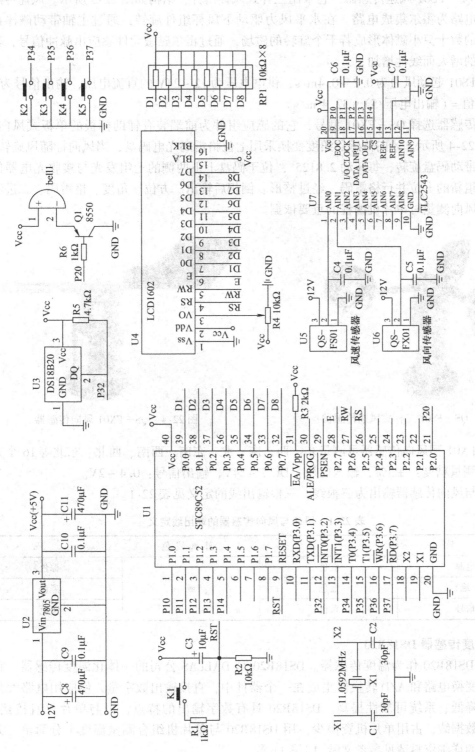

图 22-2 风速风向测量仪电路原理图

选择 QS-FS01 风速传感器，它采用三杯式风杯组件，结构如图 22-3 所示。风速传感器信号变换电路为霍尔集成电路。在水平风力驱动下风杯组件旋转，通过主轴带动磁棒盘旋转，其上的数十只小磁体形成若干个旋转的磁场，通过霍尔磁敏元件感应出脉冲信号，其频率随风速的增大而线性增加。

QS-FS01 起动风力为 0.2~0.4m/s，供电电压为 12~24V 的直流电压，输出信号为 0~5V，风速值 = (输出电压/5) * 32.4 m/s。

风向传感器选择 QS-FX01 型号，它的感应组件为前端装有辅助标板的单板式风向标，结构如图 22-4 所示。风向传感器角度变换采用七位格雷码光电码盘，当风向标随风旋转时，通过主轴带动码盘旋转，每转动 2.8125°，位于码盘上下两侧的七组发光与接收光电器件就会产生一组新的七位并行格雷码，经过整形、倒相后输出。方位、角度、格雷码、二进制码对照表是风向测量时单片机编程的重要依据。

图 22-3　QS-FS01 三杯式风速传感器

图 22-4　QS-FX01 风向传感器

QS-FX01 型风向传感器可测量东、西、南、北、东南、西南、西北、东北等 16 个方向 (360°)，测量精度：±5%，输入电压：DC 7~24V，输出信号：0.4~2V。

风速与风向传感器输出为三根线，三根输出线的定义见表 22-1。

表 22-1　风速与风向传感器的输出线定义

名　　称	外　部　线　色		
电源	红色	或	棕色
地	蓝色		黑色
信号	黄色		蓝色

3. 温度传感器 DS18B20

选择 DS18B20 作为温度传感器。DS18B20 是 DALLAS 公司的一体化温度传感器，它将传感器、变换电路和 A/D 转换器集成在一个器件中，直接输出数字量，使应用电路大为简化、成本降低、系统可靠性提高。DS18B20 具有数字输出的特点，可与单片机直接接口，只有一条数据线，占用单片机资源少，用 DS18B20 与单片机组合测量温度十分简单。关于DS18B20 的详细资料请见参考文献[1]第 11 章。

4. 串行 A/D 转换器 TLC2543

选择 TLC2543 作为 A/D 转换器。TLC2543 是 TI 公司生产的一款 12 位串行 A/D 转换器，采用了开关电容逐次逼近的技术,同时采用了串行接口技术,同并行 A/D 转换器 ADC0809 相比,大大节省了单片机的 I/O 接口资源,并且价格适中,有着广泛的应用。从图 22-2 可见 TLC2543 具有 20 个引脚,其中 AIN0～AIN8(1～9 脚)为模拟信号输入 0～8 端;AIN9～AIN10(11～12 脚)为模拟信号输入 9～10 端;DATA INPUT(17 脚)为串行数据输入端;DATA OUT(16 脚)为 A/D 转换结果串行输出端;REF−(13 脚)为负基准电源;REF+(14 脚)为正基准电源;I/O CLOCK(18 脚)为 I/O 时钟;EOC(19 脚)为转换结束端;$\overline{CS}$(15 脚)为片选端;GND(10 脚)为电源地;Vcc(20 脚)为电源正极。

TLC2543 输出的 12 位二进制数据 N 和模拟电压 U 之间的关系为:

$$N = \frac{U - V_{\text{ref}}^-}{V_{\text{ref}}^+ - V_{\text{ref}}^-}(2^{12} - 1)$$

当 V_{ref}^+ 为 5V,V_{ref}^- 接地时,公式化简为:

$$N = \frac{U}{5} \times 4095$$

即 $U = N/819$。

关于 TLC2543 的工作过程及其与单片机的接口设计请见参考文献[1]第 10 章。

22.3 程序设计

风速和风向传感器采集的信号经过 A/D 转换模块输入到单片机中,单片机经过数据处理,计算出风速与风向,并将所得结果在 LCD 液晶显示屏上显示出来。整个程序包括主程序,液晶显示器程序与 TLC2543 A/D 转换程序,其中液晶显示器程序与 TLC2543 A/D 转换程序编写成头文件的形式,供主程序调用。

(1) 主程序

```c
#include <REGX52.H>              //包含头文件
#include "LCD1602.H"             //液晶显示头文件
#include "TLC2543.H"             //AD 转换头文件
uint Wind_speed=0,Wind_direction=0;
float speed_Value=0,direction_Value=0;
uchar ms=0;
void display_dispose()           //显示函数
{
    LCD1602_write(0,0x80);       //第一行显示速度
    LCD1602_writebyte("Speed:"); //0x30 是字符数字首地址,可以参考 1602 字符表
    if(Wind_speed>99)LCD1602_write(1,0x30+Wind_speed/100);
    else LCD1602_writebyte(" ");
    LCD1602_write(1,0x30+Wind_speed/10%10);
    LCD1602_writebyte(".");
    LCD1602_write(1,0x30+Wind_speed%10);
```

```c
        LCD1602_writebyte("m/s    ");
        LCD1602_write(0,0xC0);              //第二行显示方向
        LCD1602_writebyte("Direction:");
        LCD1602_write(1,0x30 + Wind_direction/100);
        LCD1602_write(1,0x30 + Wind_direction/10%10);
        LCD1602_write(1,0x30 + Wind_direction%10);
        LCD1602_write(1,0xdf);
        LCD1602_writebyte("  ");
    }

    void data_dispose()                     //数据处理函数
    {
        if(ms%3 ==0)
        {
            speed_Value = read2543(0);      // 实际输出是0.04~5V
            if(speed_Value < 32.768)   Wind_speed = 0;
            else
            {    speed_Value = speed_Value/8.192;            //得到电压值,并且保留两
                                                              位小数
                Wind_speed = (speed_Value - 0.04) * 0.65322;  //1V 对应风速是6.48
            }
        }
        else
        {   direction_Value = read2543(1);
            if(direction_Value > = 1646.592)                //方向实际的输出电压值
                                                            是2.02~0.42V
            {   Wind_direction = 360;   }
            else if(direction_Value < 344.064)
            {   Wind_direction = 0;   }
            else
            {   direction_Value = direction_Value/819.2;    //得到电压值,浮点型整数
                Wind_direction = (direction_Value - 0.42) * 223.60;   }
        }
    }

    void main()                     //主函数
    {
        TMOD = 0x01;                //配置定时器
        TH0 = 0x3C;
```

第22章 风速风向测量仪设计

```c
        TL0 = 0xB0;
        ET0 = 1;
        TR0 = 1;
        EA = 1;
        LCD1602_cls( );           //液晶初始化
        while(1)
          { data_dispose( );      //调用数据处理函数
            display_dispose( );   //调用显示函数
          }
    }

    void time0( ) interrupt 1     //定时器0,其中自加变量是 ms
    {
        TH0 = 0x3C;
        TL0 = 0xB0;
        ms ++ ;
        if( ms > =30) ms = 0;
    }
```

(2) 液晶显示头文件 LCD1602.H 的内容

```c
    #ifndef _LCD1602_H_
    #define _LCD1602_H_


    #define uchar unsigned char
    #define uint unsigned int
    #define LCD1602_dat P0             //数据并行口宏定义
    sbit LCD1602_rs = P2 ^ 5;          //IO 定义
    sbit LCD1602_rw = P2 ^ 6;
    sbit LCD1602_e = P2 ^ 7;
    void LCD1602_delay( uint T)        //延时函数
    {   while( T -- );
    }
    void LCD1602_write( uchar order, dat)  //LCD1602 写入一个数据函数
    {
        LCD1602_e = 0;
        LCD1602_rs = order;
        LCD1602_dat = dat;
        LCD1602_rw = 0;
        LCD1602_e = 1;
```

```
        LCD1602_delay(1);
        LCD1602_e = 0;
}
void LCD1602_writebyte(uchar * prointer)  //LCD1602写入一串数据函数
{
    while( * prointer! = '\0')
    {
        LCD1602_write(1, * prointer);
        prointer ++;
    }
}
void LCD1602_cls()                         //LCD1602初始化函数
{
    LCD1602_write(0,0x01);                 //LCD1602清屏指令
    LCD1602_delay(1500);
    LCD1602_write(0,0x38);                 //功能设置8位、5*7点阵
    LCD1602_delay(1500);
    LCD1602_write(0,0x0c);                 //设置光标,不显示光标、字符不闪烁
    LCD1602_write(0,0x06);
    LCD1602_write(0,0xd0);
    LCD1602_delay(1500);
}
#endif
```

(3) A/D转换头文件 TLC2543.H 内容

```
#ifndef _TLC2543_H_
#define _TLC2543_H_
#include < intrins. h >
sbit TCL2543_EOC  = P1^0;
sbit TCL2543_CLK  = P1^1;
sbit TCL2543_ADIN = P1^2;
sbit TCL2543_DOUT = P1^3;
sbit TCL2543_CS   = P1^4;
//其中 port 为通道: 通道0:port = 0x01 通道1:port = 0x02 通道2:port = 0x04...
unsigned int read2543(unsigned char port)
{   unsigned int i;
    unsigned int ad_value = 0;
    TCL2543_CLK = 0;
    TCL2543_CS = 0;
```

```
TCL2543_EOC = 1;
port << = 4;
for( i = 0;i < 12;i + + )
    {
        if( TCL2543_DOUT) ad_value |= 0x01;
        TCL2543_ADIN = ( bit ) ( port&0x80 );
        TCL2543_CLK = 1;
        _nop_( );
        _nop_( );
        _nop_( );
        TCL2543_CLK = 0;
        _nop_( );
        _nop_( );
        _nop_( );
        port = port << 1;
        ad_value = ad_value << 1;
    }
TCL2543_CS = 1;
ad_value = ad_value >> 1;
return ad_value;
}
#endif
```

22.4 实验结果

所设计的风速风向测量仪实物如图 22-5 所示，通电后放到室外测试，可以实时测出室外的风速与风向，测量结果如图 22-6 所示，所设计的系统满足项目要求的功能。

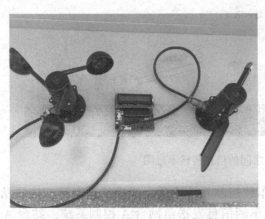

图 22-5 风速风向测量仪实物图

图 22-6 风速风向测量仪测量结果

第 23 章 智能公交显示系统设计

智能公交显示系统通过对相关交通信息的实时采集、传输和处理，及时发布当前交通运行状况以及可以预测的未来交通状况，使用户迅速获知交通信息，更好地引导城市居民选择公交出行，可有效提高交通效率和安全，使交通设施得到充分的利用，实现交通系统的集约式运营。

23.1 项目任务

设计智能公交系统中的车载终端显示系统和电子站台显示系统，使车载显示系统实时显示即将到站的站台信息和车载广告信息；站台显示系统实时显示即将进站的车辆信息和站台广告信息，方便市民选择和乘车，提高公交营运效率和服务水平。

23.2 项目分析

为了模拟最简单的公交车和站台之间的信息传输，设计了包含三个子系统的智能公交显示系统：车载显示系统、站台 A 显示系统和站台 B 显示系统。公交车通过车载模块接收即将进站的站台发来的无线信息；站台通过两种途径获得公交车的位置信息，一是当站台附近有即将进站的公交车时，站台直接接收公交车发来的无线信息，同时将接收到的信息传送到下一站台；二是当站台附近没有公交车，公交车离站台距离较远时，由于无线通信模块通信范围的限制，站台控制模块不能直接从公交车获得信息，此时是接收上一个站台发来的公交车位置信息，通过无线信息在站台之间逐级传递的方式获得公交车的信息。公交车和站台之间的信息传输示意图如图 23-1 所示。

图 23-1 公交车和站台之间的信息传输示意图

图 23-1 中当公交车运行靠近站台 A 时，车载控制系统中的无线模块被激活，接收站台 A 发来的信息，在车载显示屏上显示，同时将车辆信息发送给站台 A 控制系统，站台 A 控

制系统将接收到的车辆信息在站台 A 上显示，同时传送给站台 B 的控制系统，使站台 B 及时显示公交车的位置信息。

公交车无线通信范围示意图如图 23-2 所示，两个圆的面积表示无线芯片通信范围，即公交车和站台的无线通信模块的通信范围。当两个圆开始有重叠时公交车和站台即可进行通信，代表公交车即将靠站。

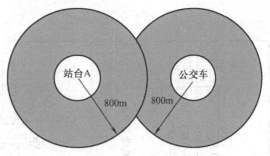

图 23-2 公交车无线通信范围示意图

23.3 硬件设计

1. 硬件系统构成

车载显示系统和站台显示系统采用相同的硬件，统称为显示系统。显示系统的硬件构成框图如图 23-3 所示，包括主控单元、收/发器单元和显示器单元。

主控单元以 STC89C52 单片机为控制核心，外接晶振和复位电路。无线接收/发送器接收的信息送入单片机中，经过单片机处理，在 LCD 显示器上实时显示出来。单片机还控制接收/发送器不断地发出车载或站台的信息，使靠近的无线通信模块可以实时接收到信息。

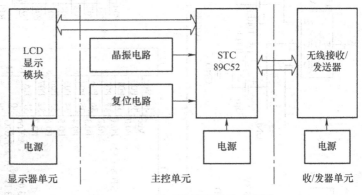

图 23-3 显示系统的硬件构成框图

2. 硬件电路组成

显示系统的硬件电路图如图 23-4 所示，主控单元包括 STC89C52 单片机、晶振电路、复位电路、D1 指示灯电路，收/发器单元采用 NRF24L01 无线通信模块，显示器单元采用 LCD12864 点阵图形液晶显示器。给单片机与液晶供电的电压为 5V 直流电，5V 直流电由 USB 接口经过自锁开关 S1 提供，采用 AMS1117 将 5V 直流电转换成 3.3V 直流电，给 NRF24L01 供电。

3. 无线收/发器单元 NRF24L01

NRF24L01 是 Nordic 公司生产的一款新型无线通信芯片，采用 FSK 调制，内部集成 Nordic 公司的 Enhanced Short Burst 协议，可以实现点对点或 1 对 6 的无线通信。无线通信速度可以达到 2Mbit/s，供电电压为 1.9 ~3.6V。

NRF24L01 对外有 20 根引脚，引脚功能说明见表 23-1。NRF24L01 芯片的详细情况请见手册，其典型外围电路如图 23-5 所示，为了方便用户使用，Nordic 公司将 NRF24L01 典型外围电路集成到图 23-6a 所示的一块 PCB 上，只留出表 23-1 中序号为 1~8 的控制信号、数据信号及 Vdd 与 Vss 信号引脚，方便用户用单片机进行控制，引出的信号排列如图 23-6b PCB 右侧所标，所以图 23-4 所示的电路原理图中仅仅画了 NRF24L01 的 8 个引出脚。

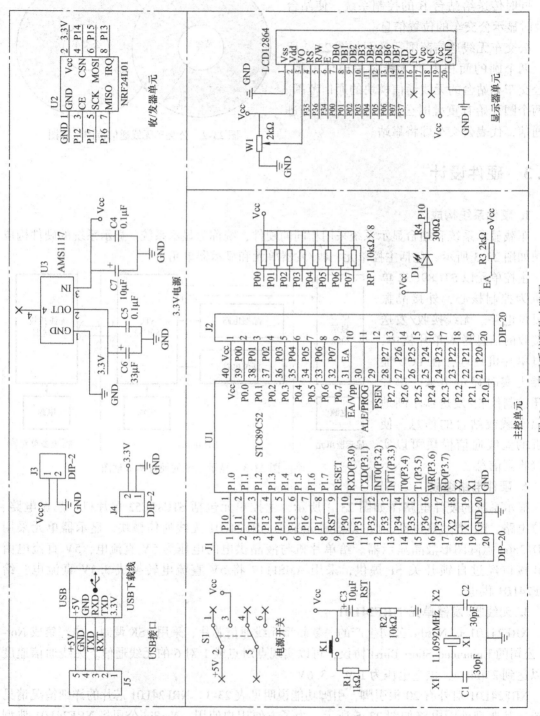

图 23-4 显示系统硬件电路图

第23章 智能公交显示系统设计

表23-1 NRF24L01引脚功能说明

引脚	名称	引脚功能	描述
1	CE	数字输入	RX 或 TX 模式选择
2	CSN	数字输入	SPI 片选信号
3	SCK	数字输入	SPI 时钟
4	MOSI	数字输入	从 SPI 数据输入脚
5	MISO	数字输入	从 SPI 数据输出脚
6	IRQ	数字输入	可屏蔽中断脚
7、15、18	Vdd	电源	电源（+3V）
8、14、17	Vss	电源	接地（0V）
9	XC2	模拟输出	晶体振荡器 2 脚
10	XC1	模拟输入	晶体振荡器 1 脚/外部时钟输入脚
11	VDD_PA	电源输出	给 RF 的功率放大器提供的 +1.8V 电源
12	ANT1	天线	天线接口 1
13	ANT2	天线	天线接口 2
16	IREF	模拟输入	参考电流
19	DVDD	电源输出	去耦电路电源正极端
20	Vss	电源	接地（0V）

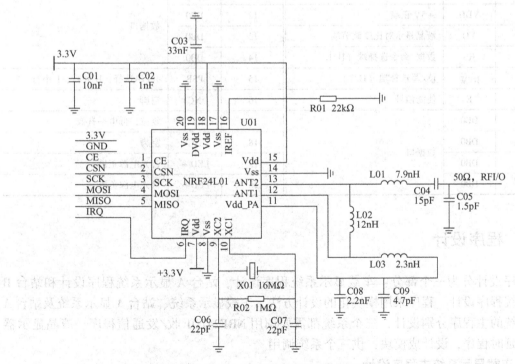

图 23-5　NRF24L01 典型外围电路原理图

 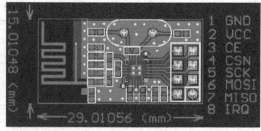

a) 实物图片　　　　　　　　　　　b) PCB 板图片

图 23-6　NRF24L01 模块

4. 显示器选择

采用 LCD12864 作为显示器。LCD12864 具有 4 位/8 位并行、2 线或 3 线串行多种接口方式，显示分辨率为 128×64，内置 128 个 16*8 点 ASCII 字符集，接口方式灵活，操作指令简单方便，可构成友好的人机交互图形界面，并且具有低电压低功耗的显著优点。本设计中采用的是 8 位并行接口的 LCD，它的引脚定义见表 23-2。根据引脚定义，LCD12864 与单片机的连接如图 23-4 中显示器单元所示，LCD12864 的供电电源与背光电源均为 +5V 电源。LCD12864 的详细介绍请见参考文献[1]第 9 章。

表 23-2　LCD12864 引脚

引脚号	名称	引脚功能描述	引脚号	名称	引脚功能描述
1	VSS	+5V 电源地	11	DB0	数据口
2	VDD	+5V 正端	12	DB0	
3	VO	液晶显示对比度调节端	13	DB0	
4	RS	数据/命令选择端（H/L）	14	DB0	
5	R/$\overline{W}$	读/写选择端（H/L）	15	PSB	并/串选择，H 并行，L 串行
6	E	使能信号	16	NC	空脚
7	DB0	数据口	17	RST	复位，低电平有效
8	DB0		18	NC	空脚
9	DB0		19	LED+	背光电源正极
10	DB0		20	LED−	背光电源负极

23.4　程序设计

程序设计分为三个部分：车载显示系统程序设计、站台 A 显示系统程序设计和站台 B 显示系统程序设计。程序采用模块化的设计方法，车载显示系统、站台 A 显示系统及站台 A 显示系统的主程序分别设计，三个系统都需要调用 NRF24L01 收/发通信程序、液晶显示器程序与延时程序，设计成模块，供三个系统调用。

1. 车载显示系统主程序设计

此程序的作用是实现车载无线通信芯片 NRF24L01 与站台 NRF24L01 芯片的信息传递及信息显示，NRF24L01 是否通信成功采用子程序查询方式，为站台与公交车的通信及车载显

第23章 智能公交显示系统设计

示分配使用时间，查询工作利用 while（）循环实现。车载显示系统主程序流程图如图 23-7 所示。

车载主程序清单如下：

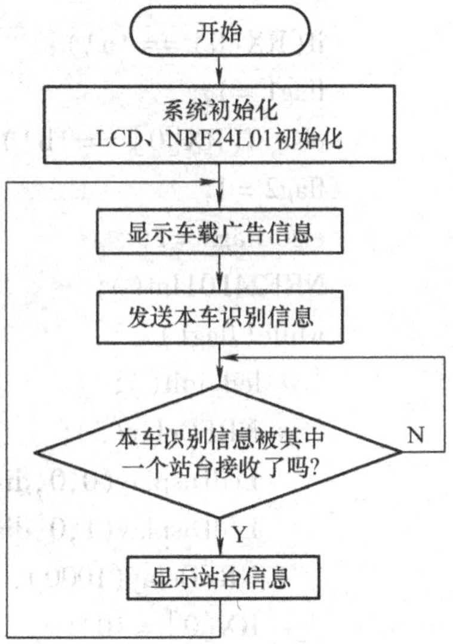

```c
#include <reg52.h>
#include "Allhead.h"
uchar j;
uchar flag1,flag2,flag3;
uchar RX[1];
uchar send[1] = {'C'};
uchar code display0[] = {"行驶中"};
uchar code display1[] = {"注意安全"};
uchar code display2[] = {"下一站:北京"};
uchar code display3[] = {"距离 150m"};
uchar code display4[] = {"下一站:上海"};
uchar code display5[] = {"距离 500m"};
void main()
{
lcd_init();
NRF24L01Int();
while(1)
{
   LcdDisplay(0,0,display0);
   LcdDisplay(1,0,display1);
   LcdDelay(30);
   while(1)
   {
     flag1 = 0;
     flag2 = 0;
     flag3 = 0;
     for(j = 0;j < 5;j ++)
     {
     NRFSetTxMode(send);
     while(CheckACK());     //车载先发送 C(car)
     }
     NRF24L01Int();
     NRFDelay(50);          //时间带测量
     for(j = 0;j < 5;j ++)
     {
         GetDate();
```

图 23-7 车载控制系统主程序流程图

```
            RX[0] = RevTempDate[0];
              NRFDelay(5);
        }
        if(RX[0] == 'a')
        flag1 = 1;
        else if(RX[0] == 'b')    //判断是哪一个站台
        flag2 = 1;
        else flag3 = 1;
        NRF24L01Int();
        while(flag1)
        {    lcd_init();
             NRFDelay(5);
             LcdDisplay(0,0,display2);
             LcdDisplay(1,0,display3);
             NRFDelay(1000);
             RX[0] = '0';
             LcdDelay(20000);
             lcd_init();
             break;
        }
        while(flag2)
        {    lcd_init();
             NRFDelay(5);
             LcdDisplay(0,0,display4);
             LcdDisplay(1,0,display5);
             NRFDelay(1000);
             RX[0] = '0';
             LcdDelay(20000);
             lcd_init();
             break;
        }
        while(flag3)
        {
             LcdDisplay(0,0,display0);
             LcdDisplay(1,0,display1);
             break;
        }
    }
  }
}
```

2. 站台 A 控制系统主程序设计

此程序功能是实现站台 A 与公交车及站台 A 与站台 B 之间的无线芯片 NRF24L01 的信息传递及站台信息显示，流程图如图 23-8 所示。一个循环中，先显示本站台信息、下一个站台信息及路过本站的车辆信息；然后通过 NRF24L01 无线通信判断有没有收到公交车进站的信息，若收到，则通过 NRF24L01 发送本站标识符到即将进站的车辆，并显示车辆即将进站的信息，同时将车辆即将进站的信息通过 NRF24L01 无线通信发送给 B 站台。NRF24L01 是否通信成功，采用查询工作方式，查询利用 while( ) 循环。

A 站台主程序清单如下：

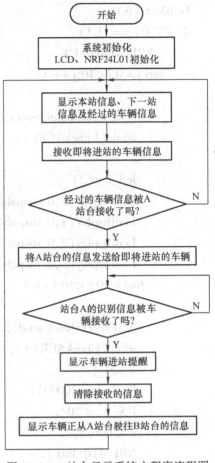

图 23-8　A 站台显示系统主程序流程图

```
#include <reg52.h>
#include "Allhead.h"
uchar j;
uchar send[1] = {'a'};
//数组 send,存储发送给车载的数据'a'
uchar sendA[1] = {'A'};
//数组 sendA,存储发送给 B 站台的数据 A
uchar RX[1];
uchar code dispaly10[] = {"   本站:北京"};
uchar code dispaly11[] = {"   下站:上海"};
uchar code dispaly12[] = {"途经车辆:56,111"};
uchar code dispaly13[] = {"141,137,156,220"};
uchar code dispaly20[] = {"乘客们请注意:"};
uchar code dispaly21[] = {"56 路公交就要到了"};
uchar code dispaly22[] = {"距离本站还有 80m"};
uchar code dispaly23[] = {"请做好准备！"};
void main()
{
NRF24L01Int();
lcd_init();
while(1)
{   NRF24L01Int();
LcdDisplay(0,0,dispaly10);
LcdDisplay(1,0,dispaly11);
LcdDisplay(2,0,dispaly12);    //显示初始化
LcdDisplay(3,0,dispaly13);
RX[0] = GetDate();            //接收车载发来的 C
```

```
            LcdDelay(6);
            if(RX[0] == 'C')
            {        NRF24L01Int();
                for(j=0;j<10;j++)
                {
                    NRFSetTxMode(send);        //发送 a 给车载
                    while(CheckACK());
                }
                lcd_init();
                LcdDisplay(0,0,dispaly20);
                LcdDisplay(1,0,dispaly21);
                LcdDisplay(2,0,dispaly22);
                LcdDisplay(3,0,dispaly23);
                for(j=0;j<10;j++)
                {
                    NRFSetTxMode(send);        //发送 a 给车载
                    while(CheckACK());
                }
                LcdDelay(20000);
                RX[0] = '0';
                lcd_init();
                NRF24L01Int();
                for(j=0;j<100;j++)
                {
                    NRFSetTxMode(sendA);       //发送 A 给 B 站
                    while(CheckACK());
                }
            }
        }
    }
```

3. 站台 B 控制系统主程序设计

B 站台显示系统主程序流程如图 23-9 所示。若公交车已到达站台 A，下一站即将前往 B 站，则 A 站台的 NRF24L01 给 B 站台的 NRF24L01 发送公交车的位置信息，B 站台的 NRF24L01 模块收到信息后，将公交车的具体位置信息显示在 B 站台的显示器上以提醒乘客。

B 站台显示系统主程序清单如下：

```
/*******B 站台显示系统主程序*******/
#include <reg52.h>
#include "Allhead.h"
```

第 23 章 智能公交显示系统设计

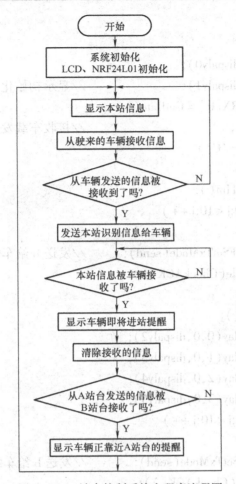

图 23-9 B 站台控制系统主程序流程图

```
uchar j;
uchar code dispaly0[ ] = {"本站:"};
uchar code dispaly1[ ] = {" >> 上海 << "};
uchar code dispaly2[ ] = {"56 号车"};
uchar code dispaly3[ ] = {"即将到站"};
uchar code dispaly4[ ] = {"距离 150m"};
uchar code dispaly5[ ] = {"请做好准备"};
uchar code dispaly6[ ] = {"56 号车"};
uchar code dispaly7[ ] = {"即将停靠北京"};
uchar RX[1];
uchar send[1] = {'b'};
void main( )
{
    lcd_init( );
    NRF24L01Int( );
```

```c
while(1)
{
    LcdDisplay(0,0,dispaly0);
    LcdDisplay(1,0,dispaly1);                    //显示初始化
            RX[0] = GetDate();
        LcdDelay(6);                              //接收车载发过来的 C(car)
        if(RX[0] == 'C')
        {
            NRF24L01Int();
            for(j = 0;j < 10;j ++)
            {
                NRFSetTxMode(send);               //发送 b 给车载
                while(CheckACK());
            }
            lcd_init();
            LcdDisplay(0,0,dispaly2);
            LcdDisplay(1,0,dispaly3);
            LcdDisplay(2,0,dispaly4);
            LcdDisplay(3,0,dispaly5);
            for(j = 0;j < 10;j ++)
            {
                NRFSetTxMode(send);               //发送 b 给车载
                while(CheckACK());
            }
            LcdDelay(20000);
            RX[0] = '0';
            lcd_init();
        }
        if(RX[0] == 'A')
        {
            lcd_init();
            LcdDisplay(0,0,dispaly6);
            LcdDisplay(1,0,dispaly7);
            LcdDelay(20000);
            RX[0] = '0';
            lcd_init();
        }
    }
}
```

4. NRF24L01 射频模块程序设计

根据图 23-4，射频模块 NRF24L01 的 CE、IRQ、CSN、MOSI、MISO、SCK 分别与单片机的 P1.2～P1.7 相连，由 CE、IRQ、CSN 引脚的高低电平配置决定芯片的工作模式，通过 MOSI、MISO 引脚发送或接收数据，由 SCK 输出工作时钟信号。射频模块 NRF24L01 程序设计采用模块化方法，针对 NRF24L01 共设计了 10 个程序模块，模块名称及功能见表 23-3。

表 23-3　针对 NRF24L01 设计的程序模块

序号	程序名称	功能
1	SPI time sequence of receiving and sending message	SPI 接口发送和接收信息时序
2	NRF24L01 initialization function	初始化 NRF24L01
3	SPI read 1 byte function	从 SPI 读 1B 数据
4	SPI write 1 byte function	通过 SPI 接口写 1B 数据
5	SPI read RXFIFO register	从 SPI 读 RXFIFO 寄存器
6	SPI write RXFIFO register	通过 SPI 接口写 RXFIFO 寄存器
7	NRF24L01 is set as transmission mode and send data	设置 NRF24L01 为发送模式并发送数据
8	NRF24L01 is set as receiving mode and receive data	设置 NRF24L01 为接收模式并接收数据
9	Data receive	接收数据
10	Check Acknowledge message	检查应答信息

NRF24L01 的 SPI 读写时序如图 23-10 所示，表 23-3 中第 1 个模块 SPI time sequence of receiving and sending message 模块根据该时序图来设计，其流程图如图 23-11 所示。

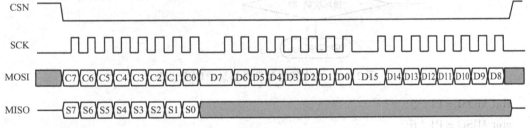

图 23-10　NRF24L01 的 SPI 读写时序

表 23-3 中除第二个模块外，其余 8 个模块都是在第 1 个模块 SPI 接口发送和接收信息时序模块基础上进行的组合。

NRF24L01 射频模块程序清单如下：

```
/*******************************
Function: C files of NRF24L01 Radio Frequency module
*******************************/
#include"reg52.h"
#include"Allhead.h"
/*************** I/O pins configuration ****************/
sbit CE = P1^2;      //NRF24L01 引脚配置
sbit IRQ = P1^3;
sbit CSN = P1^4;
```

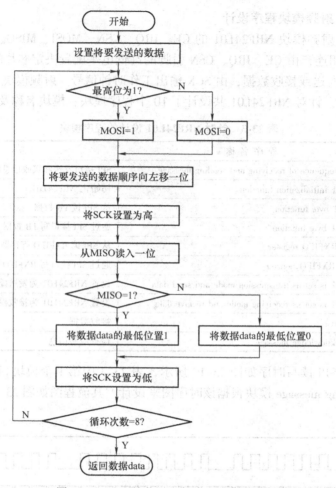

图 23-11 SPI 接收和发送信息时序流程图

```
sbit MOSI = P1 ^ 5;
sbit MISO = P1 ^ 6;
sbit SCLK = P1 ^ 7;
uchar RevTempDate[5];      //结束标志
uchar code TxAddr[ ] = {0x34,0x43,0x10,0x10,0x01};      // 发送地址

/*************** 状态标志 ******************************/
uchar    bdata sta;
sbit RX_DR = sta ^ 6;
sbit TX_DS = sta ^ 5;
sbit MAX_RT = sta ^ 4;

/**** SPI(Serial Peripheral Interface)time sequence of receiving and sending message ******/
uchar NRFSPI( uchar date)
{
```

```c
    uchar i;
    for(i = 0;i < 8;i ++ )                  // 循环8次
    {
        if(date&0x80)                       //从 MOSI 输出最高1位
        MOSI = 1;                           //将最高位写入 MOSI
        else
        MOSI = 0;
        date << = 1;                        //每一位顺序左移一位
        SCLK = 1;                           //设置 SCK 为高,准备接收数据
        if(MISO)                            //从 MISO 输入一位数据
        date| = 0x01;
        SCLK = 0;                           // 设置 SCK 为低
    }
    return(date);                           //返回数据
}
/******************* NRF24L01 initialization function *********************/
void NRF24L01Int()
{
    NRFDelay(2);                            //延时
    CE = 0;
    NRFDelay(1);
    CSN = 1;                                //片选为1,NRF24L01 不工作
    NRFDelay(1);
    SCLK = 0;                               // NRF24L01 时钟信号为0
    NRFDelay(1);
    IRQ = 1;                                // 中断请求信号为1
}
/*************** SPI read 1 byte function ********************************/
uchar NRFReadReg(uchar RegAddr)
{
    uchar BackDate;
    CSN = 0;                                // CSN 片选信号为0,NRF24L01 工作
    NRFSPI(RegAddr);                        //写地址到寄存器
    BackDate = NRFSPI(0x00);                //写读寄存器的命令
    CSN = 1;                                // CSN 片选信号为1,NRF24L01 不工作
    return(BackDate);                       //返回数据
}
/*************** SPI write 1 byte function *******************************/
uchar NRFWriteReg(uchar RegAddr,uchar date)
{
```

```c
    uchar BackDate;
    CSN = 0;                            // CSN 片选信号为 0, NRF24L01 工作
    BackDate = NRFSPI(RegAddr);         // 写寄存器地址
    NRFSPI(date);                       //写数据
    CSN = 1;                            // CSN 片选信号为 1, NRF24L01 不工作
    return(BackDate);                   //返回数据
}
/*************** SPI read RXFIFO register ********************/
uchar NRFReadRxDate(uchar RegAddr,uchar * RxDate,uchar DateLen)
{   uchar BackDate,i;
    CSN = 0;                            // CSN 片选信号为 0, NRF24L01 工作
    BackDate = NRFSPI(RegAddr);         // 写寄存器地址
    for(i = 0;i < DateLen;i ++ )        //读数据
        {
            RxDate[i] = NRFSPI(0);
        }
    CSN = 1;                            // CSN 片选信号为 1, NRF24L01 不工作
    return(BackDate);
}
/*************** SPI write RXFIFO register *********************/
uchar NRFWriteTxDate(uchar RegAddr,uchar * TxDate,uchar DateLen)
{   uchar BackDate,i;
    CSN = 0;                            // CSN 片选信号为 0, NRF24L01 工作
    BackDate = NRFSPI(RegAddr);         // 写寄存器地址
    for(i = 0;i < DateLen;i ++ )        // 写数据
        {
            NRFSPI( * TxDate ++ );
        }
    CSN = 1;                            // CSN 片选信号为 1, NRF24L01 不工作
    return(BackDate);
}
/************* NRF24l01 is set as transmission mode and send data *********************/
void NRFSetTxMode(uchar * TxDate)
{   //发送模式
    CE = 0;
NRFWriteTxDate(W_REGISTER + TX_ADDR,TxAddr,TX_ADDR_WITDH);
//写,寄存器使能,P0 地址与地址长度发送
NRFWriteTxDate(W_REGISTER + RX_ADDR_P0,TxAddr,TX_ADDR_WITDH);
//顺序接收
```

```
    NRFWriteTxDate(W_TX_PAYLOAD,TxDate,TX_DATA_WITDH);       //写数据
/***** 寄存器配置 **************/
    NRFWriteReg(W_REGISTER + EN_AA,0x01);            //使能通道 0 自动应答
    NRFWriteReg(W_REGISTER + EN_RXADDR,0x01);        //使能通道 0
    NRFWriteReg(W_REGISTER + SETUP_RETR,0x0a);       //自动重发
    NRFWriteReg(W_REGISTER + RF_CH,0x40);            //选择 RF 通道 0x40
    NRFWriteReg(W_REGISTER + RF_SETUP,0x07);         //数据发送速率 1Mbit/s,发送功
耗 0dBm,带宽 LNA( low noise amplifier)
    NRFWriteReg(W_REGISTER + CONFIG,0x0e);           //使能 CRC, 16 位 CRC 检查
    CE = 1;
    NRFDelay(5);                                      //延时 10μs
}
/******** NRF24l01 is set as receiving mode and receive data *************/
//接收模式
void NRFSetRXMode()
{
    CE = 0;
    NRFWriteTxDate(W_REGISTER + RX_ADDR_P0,TxAddr,TX_ADDR_WITDH);
//配置,接收通道 0,发送通道 1
    NRFWriteReg(W_REGISTER + EN_AA,0x01);            // 使能通道 0 自动应答
    NRFWriteReg(W_REGISTER + EN_RXADDR,0x01);        // 使能通道 0
    NRFWriteReg(W_REGISTER + RF_CH,0x40);            //选择 RF 通道 0x40
    NRFWriteReg(W_REGISTER + RX_PW_P0,TX_DATA_WITDH); //接收通道 0,发送
                                                      通道 1
    NRFWriteReg(W_REGISTER + RF_SETUP,0x07);         //数据传输速率 1Mbit/s,发送
                                                      功耗 0dBm,带宽 LNA
    NRFWriteReg(W_REGISTER + CONFIG,0x0f);           //使能 CRC, 16 位 CRC 检查,
                                                      接收模式
    CE = 1;
    NRFDelay(5);
}
/********************** receive data ****************************/
    uchar GetDate()
{   NRFSetRXMode();
    sta = NRFReadReg(R_REGISTER + STATUS);           //发送完数据后读状态寄存器
    if(RX_DR)       //决定是否接收数据
    {
        CE = 0;                                       //等待
        NRFReadRxDate(R_RX_PAYLOAD,RevTempDate,RX_DATA_WITDH);
//从 RXFIFO 读 4 位数据,将最后一位当成结束位
```

```
        NRFWriteReg( W_REGISTER + STATUS,0xff);
   //在接收数据后写 1 到 RX_DR,TX_DS,MAX_PT,清中断标志
        CSN = 0;                      // CSN 片选信号为 0,NRF24L01 工作
        NRFSPI(FLUSH_RX);             //清 FIFO!!! 这个非常重要
        CSN = 1;                      // CSN 片选信号为 1,NRF24L01 不工作
        return( * RevTempDate);       //LCD12864 显示
   }
}

/********************** check Acknowledge signal *********************/
uchar CheckACK( )
{   //emission
    sta = NRFReadReg( R_REGISTER + STATUS);      //返回状态寄存器
    if( TX_DS||MAX_RT)                           //结束发送
    {
        NRFWriteReg( W_REGISTER + STATUS,0xff);  //清除 TX_DS 或 MAX_RT 中断
                                                   标志
        CSN = 0;                                 //CSN 片选信号为 0,NRF24L01
                                                   工作
        NRFSPI(FLUSH_TX);                        //清 FIFO!!! 这个非常重要.
        CSN = 1;                                 //CSN 片选信号为 1,NRF24L01
                                                   不工作
        return(0);                               //结束发送,返回 0
    }
    else
        return(1);                               //否则返回 1
}
```

5. 液晶显示器 LCD12864 模块程序设计

根据图 23-4，液晶显示器 LCD12864 的数据口 DB0~DB7 和单片机的 P0 口引脚 P0.0~P0.7 采用并行方式连接，使能信号选择端 E、数据/命令选择端 RS、读/写选择端 R/$\overline{W}$ 分别和单片机的 P3.5~P3.7 相连。并行基本操作及其输入/输出信号见表 23-4。

表 23-4 LCD12864 并行基本操作及其输入/输出信号

操作	输入	输出
读状态	RS = L, R/$\overline{W}$ = H, E = H	DB0~DB7 = 状态字
读数据	RS = H, RS = L, R/$\overline{W}$ = H, E = H	No data
写指令	RS = L, R/$\overline{W}$ = L, E = H, DB0 – DB7 = 指令代码	DB0~DB7 = Data
写数据	RS = H, R/$\overline{W}$ = L, E = H pulse, DB0 – DB7 = Data	No data

表 23-4 中读状态与读数据很少使用，用得较多的是写指令与写数据两种操作。并行写操作的时序如图 23-12 所示。

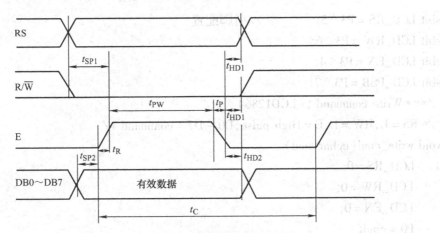

图 23-12　LCD12864 并行写操作时序

LCD12864 显示程序同样采用了模块化设计方法。针对 LCD12864 显示共设计了 5 个程序模块，分别为 LCD12864 写命令模块、写数据模块、初始化模块、坐标定位模块和数组显示模块，其中最基本的是写命令模块和写数据模块，其余三个模块是这两个模块的组合。

根据 LCD12864 和单片机的接口及其自身的工作时序，写命令和写数据模块的流程分别如图 23-13 和图 23-14 所示。

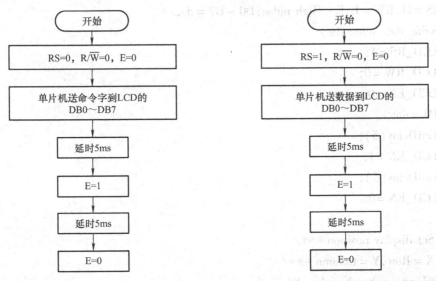

图 23-13　LCD12864 写命令流程图　　图 23-14　LCD12864 写数据流程图

LCD12864 程序清单如下：

```
//The function of LCD12864
#include <reg52.h>
#include <stdlib.h>
#include "Allhead.h"
#define LCD_data P0
/*** Port definition ***/
```

```c
sbit LCD_RS = P3^5;              //引脚配置
sbit LCD_RW = P3^6;
sbit LCD_EN = P3^4;
sbit LCD_PSB = P3^7;
/*** Write command to LCD12864 ***/
/* RS = L, RW = L, E = High pulse, D0 - D7 = command */
void write_cmd(uchar cmd)
{
    LCD_RS = 0;
    LCD_RW = 0;
    LCD_EN = 0;
    P0 = cmd;
    LcdDelay(5);
    LCD_EN = 1;
    LcdDelay(5);
    LCD_EN = 0;
}
/*** Write display data to LCD12864 ***/
/* RS = H, RW = L, E = High pulse, D0 ~ D7 = data */
void write_dat(uchar dat)
{
    LCD_RS = 1;
    LCD_RW = 0;
    LCD_EN = 0;
    P0 = dat;
    LcdDelay(5);
    LCD_EN = 1;
    LcdDelay(5);
    LCD_EN = 0;
}
/*** Set display position ***/
/*** X = Row, Y = Column ***/
void lcd_pos(uchar X, uchar Y)
{
    uchar pos;
    if(X==0)
    {X = 0x80;}
    if(X==1)
    {X = 0x90;;}
    if(X==2)
    {X = 0x88;}
    if(X==3)
```

```c
        {X = 0x98;}
    pos = X + Y;
    write_cmd(pos);
}
/*** initialize LCD12864 ***/
void lcd_init()
{
    LCD_PSB = 1;            //并口模式设置
    write_cmd(0x30);        //基本指令操作
    LcdDelay(5);            //延时5ms
    write_cmd(0x0c);        //开显示,关光标
    LcdDelay(5);
    write_cmd(0x01);        //清除LCD的显示内容
    LcdDelay(5);
}
/*** LCD dispaly function ***/
/*** X = Row, Y = Column, date = The address of display contents ***/
void LcdDispaly(uint x, uint y, uchar * date)
{
    lcd_pos(x,y);
    while(* date)
    {
        write_dat(* date);
        date ++ ;
    }
}
```

23.5 样机调试

在万用板上将硬件和软件调试成功后，制作了智能公交显示系统的 PCB 样机，分别包括车载显示系统、站台 A 显示系统和站台 B 显示系统。PCB 样机如图 23-15 所示。在图 23-15 所示的 PCB 样机中检测三个系统是否可以通信，车载显示系统是否可以及时发布车辆的进站位置信息，站台显示系统是否可以及时发布车辆的到站信息。

1. LCD12864 模块的调试

主程序中既要调用 LCD 液晶显示子程序，又要发射和接收无线通信的信息，开始时未采用模块化设计方法，执行 LCD 液晶显示延时的时间和无线通信发送和接收的延时时间分配不当，导致 LCD 显示不稳定，总是在晃动，如图 23-16a 所示。出现这个问题后对程序结构进行了改变，采用模块化程序结构，使各子系统之间接收和发送信息的时序关系解耦，合理分配液晶显示和无线通信收发时间，LCD 可以稳定地显示位置信息，如图 23-16b 所示。

图 23-15 智能公交系统 PCB 样机

a) 显示延时分配不对时LCD晃动界面

b) 模块化程序后LCD稳定显示界面

图 23-16 LCD12864 模块的调试

2. NRF24L01 无线通信过程波形测试

对于 NRF24L01 的编程主要是通过命令及控制 CE、CSN 以及中断信号 IRQ 共同完成的。

对于发射节点，如果激活 ACK 与 IRQ 功能，则当通信成功以后（也就是发射节点收到了接收节点送回的 ACK 信号）IRQ 线会置低。

对于接收节点，如果使能 SCK 与 IRQ 功能，则当通信成功以后 IRQ 线会置低。根据以上分析，用示波器测试了车载显示系统和站台 A 显示系统不通信和通信时的 SCK 和 IRQ 波形，测试的实物如图 23-17 所示，不通信时的波形图如图 23-18a 所示，通信成功时的波形如图 23-18b 所示。图中 ch1 是 IRQ 波形，ch2 是 SCK 波形。车载主程序中，每次车载和站台 A 通信时均收发 5 次信息，以确保通信成功（见程序中的 5 次 for 循环），因此 ch1 中的 IRQ 中断请求信号置低 5 次，IRQ 置低是在发送（或接收）完成以后（或是达到最大发射次数）实现的。

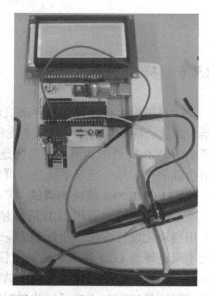

图 23-17 测试无线模块是否通信

第 23 章 智能公交显示系统设计

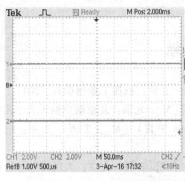 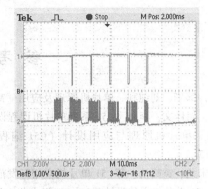

a) 不通信时的波形(ch1:IRQ，ch2:SCK)　　　b) 通信时的波形(ch1:IRQ，ch2:SCK)

图 23-18　测试无线模块是否通信的波形图

23.6　通信结果显示分析

PCB 样机中三个系统放在一起通信时的结果如图 23-19 所示。图 23-19a 中公交车离 A 站台还有一段距离，车载显示系统显示行车注意安全的信息，A 站台显示站台信息与经过的车辆信息，B 站台显示车辆与站台的距离信息；图 23-19a 中公交车即将进站，车载显示系统显示即将进站的站台信息，A 站台显示即将进站的 56 路车的信息，B 站台显示本站台的信息。实验结果表明，本项目所设计的智能公交显示系统可以及时准确地显示公交车的信息。

a) 通信信息1

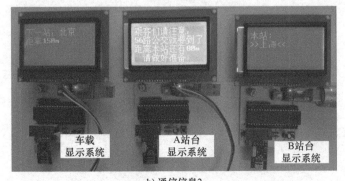

b) 通信信息2

图 23-19　三个系统互相通信的信息

参 考 文 献

[1] 张兰红，邹华，刘纯利.单片机原理及应用［M］.2版.北京：机械工业出版社，2017.
[2] 楼然苗，胡佳文，李光飞.51系列单片机课程设计指导［M］.北京：北京航空航天大学出版社，2016.
[3] 张毅刚.单片机原理与应用设计（C51编程+Proteus仿真）［M］.2版.北京：电子工业出版社，2015.
[4] 张杰、宋戈、黄鹤松，等.51单片机应用开发范例大全［M］.3版.北京：人民邮电出版社，2016.
[5] 周向红.51单片机课程设计［M］.武汉：华中科技大学出版社，2011.
[6] 郭天祥.新概念51单片机C语言教程——入门、提高、开发、拓展全攻略［M］.北京：电子工业出版社，2010.
[7] 杨欣，张延强，张铠麟.实例解读51单片机完全学习与应用［M］.北京：电子工业出版社，2012.
[8] 王东峰，陈圆圆，郭向阳.单片机C语言应用100例［M］.2版.北京：电子工业出版社，2016.
[9] 彭伟.单片机C语言程序设计实训100例——基于8051+Proteus仿真［M］.2版.北京：电子工业出版社，2012.
[10] 宋雪松，李冬明，崔长胜.手把手教你学51单片机（C语言版）［M］.北京：清华大学出版社，2017.